数智化时代环境艺术设计
教学模式创新研究

赵焕宇◎著

吉林出版集团股份有限公司
全国百佳图书出版单位

图书在版编目（CIP）数据

数智化时代环境艺术设计教学模式创新研究／赵焕
宇著. -- 长春：吉林出版集团股份有限公司，2025.5.
ISBN 978-7-5731-6714-9

Ⅰ.TU-856

中国国家版本馆CIP数据核字第20253NG710号

SHU ZHI HUA SHIDAI HUANJING YISHU SHEJI JIAOXUE MOSHI CHUANGXIN YANJIU

数智化时代环境艺术设计教学模式创新研究

著　　者	赵焕宇	
责任编辑	杨亚仙	
装帧设计	清　风	

出　　版　吉林出版集团股份有限公司
发　　行　吉林出版集团社科图书有限公司
地　　址　吉林省长春市南关区福祉大路5788号　邮编：130118
印　　刷　长春新华印刷集团有限公司
电　　话　0431-81629711（总编办）
抖 音 号　吉林出版集团社科图书有限公司　37009026326

开　　本　710 mm×1000 mm　1 / 16
印　　张　12.25
字　　数　200千字
版　　次　2025年5月第1版
印　　次　2025年5月第1次印刷

书　　号　ISBN 978-7-5731-6714-9
定　　价　58.00元

前　　言

随着科技的飞速发展，我们已跨入数智化时代的大门。在这个信息泛滥、技术日新月异的时代，环境艺术设计领域正经历前所未有的变革。数智技术的广泛应用，不仅改变了我们的生活方式，也深刻地影响着设计行业的每个环节，从设计理念的革新到设计手段的创新，无不彰显着数智化时代的魅力与挑战。

在这样的时代背景下，环境艺术设计教育面临着前所未有的机遇与挑战。一方面，数智技术为环境艺术设计教育提供了丰富的资源和手段，使得教学内容更加多元、教学方法更加灵活；另一方面，数智化时代对设计人才的需求在不断变化，不仅要求设计师具备扎实的专业技能，还要求他们拥有敏锐的创新意识和强大的实践能力。因此，如何顺应数智化时代的发展趋势，改革和创新环境艺术设计教学模式，培养符合时代需求的高素质设计人才，成为摆在我们面前的一项紧迫任务。

本书正是在这样的背景下应运而生的。作为专注于探索数智化时代环境艺术设计教学模式改革的研究著作，本书旨在通过深入剖析数智化时代环境艺术设计教育的现状与挑战，提炼出适应时代发展的创新教学模式和方法，为教育工作者提供有益的参考和启示。

在撰写本书的过程中，笔者搜集了大量的资料，参阅了国内外多位专家、学者的著作或译著，在此对他们表示诚挚的谢意！时代的发展日新月异，由于笔者水平有限，书中错漏和不妥之处在所难免，恳请专家、同行和读者批评指正。

赵焕宇

2024年12月

目　　录

第一章　环境艺术设计概述

环境艺术作为一门综合性的学科，不仅关乎美学与实用性的结合，更涉及人类居住环境的整体规划和设计。通过了解环境艺术，我们可以更清晰地认识到这一领域在人类生活中的重要地位和作用。环境艺术不仅能提升我们的审美水平，让我们在享受美好环境的同时，感受到艺术的魅力，其设计与实施对于改善人类居住环境、提升生活品质更具有至关重要的作用。此外，了解环境艺术还有助于我们更好地理解和欣赏各种环境艺术设计作品，从而激发我们对美好生活的向往和追求。因此，深入了解和掌握环境艺术，对于我们提升个人素养、推动社会进步具有重要意义。

第一节　环境艺术设计的传统文化

本节以传统文化现状分析为前提，对现代景观艺术创作中的传统文化要素进行整合，阐述传统文化在现代环境艺术中的地位及本质特征，旨在剖析现代环境艺术与传统文化不可分割的本质关系。在继承传统文化的基础上进行创新，让大众在感受时代感的同时增强传统文化意识，以此探索出具有中国特色的景观艺术发展之路。

一、环境艺术设计的含义

"环境"二字，从字面上理解，其含义十分广泛。从广义上讲，"环境"是指围绕着主体的周边事物，尤其是人或生物周围，包括相互影响作用的外界。我们通常所说的"环境"，是指相对于人的外部世界，主要就是和人产生关联的环境，包括自然环境、人工环境、社会环境[1]。自然环境，是指自然界中原有的山川、河流、地形、地貌、植被等自然构成的系统；人工环境，是指由人主观创造的实体环境，包括城市、乡村建筑、道路、广场等人类生存与生活的系统；社会环境，是指人创造的非实体环境，由社会结构、生活方式、价值观念和历史传统构成的整个社会文化体系[2]。三者的共同作用与协调发展构成了我们的现实生活环境。随着人类社会的不断发展，"环境"这一概念的范畴不断地发生变化，其内涵也随着人类活动领域的日益扩大而不断丰富。

环境艺术设计是依赖环境而存在的一种艺术表现形式，它通过在环境氛围中融入作品，利用材质肌理、比例尺寸、空间体型等元素表现艺术。环境艺术设计作品重视环境和作品的相互依存与融合关系，重视表达艺术观念。环境艺术设计拥有广泛的内涵，包括人们经常见到的实物，如建筑设计、园林设计、广场设计、雕塑、壁画等。因此，环境艺术设计可以整体协调和引导人类的生活方式、行为、生存环境等，是存在于人们生存环境系统工程中的综合性艺术。

工业文明给人类带来了前所未有的发展。但伴随着工业化进程，人们赖以生存的自然环境也不断遭到掠夺与破坏，自然生态资源日益枯竭，环境质量急剧恶化，污染日益严重。这时，人们开始觉醒并关注自己周围的环境。因此，1987年联合国世界环境与发展委员会发布的报告《我们共同的未来》中首次提出"可持续发展"的理论，该理论在1992年巴西里约热内卢召开的联合国环境与发展大会上得到了进一步强调和推广。可持续发展的思想在世界范围内得到认同，并逐渐成为各国发展决策的理论基础。在这样的背景下，现代环境艺术设计应运而生。

环境艺术设计是建立在现代科学研究基础之上，研究人与环境之间关系问题的学科。不同于纯欣赏的艺术，环境艺术借助物质科学技术手段，

①王志鸿，牛海涛，周传旋. 环境艺术设计概论：艺术与设计系列 [M]. 北京：中国电力出版社，2020.
②王莎. 环境艺术创意设计趋势研究 [M]. 天津：天津人民美术出版社，2023.

以艺术的表现形式创造人类生存与生活的空间环境。它始终与使用者联系在一起，是一门实用与艺术相结合的空间艺术。例如，人在空间中从事工作、学习、休息、娱乐、购物、交往、交通等的一系列活动，均属于空间环境设计中要研究的内容。

与建筑艺术一样，环境艺术设计的最终形成离不开各种结构、技术、材料、设备、工艺、资金等实施条件，如果离开这些条件，真正的、完整的环境艺术设计就无从谈起。同时，随着社会的发展，人们的价值观念发生转变与审美意识得到提高，人们需要通过更多元化的环境艺术设计表现形式提高自己的生活品质，这些都促使现代设计师更加注重科学技术与环境艺术设计的结合，并且积极地进行新技术、新材料、新结构等科学技术的开发与艺术美的创造。从这个角度来说，环境艺术设计也是一门科学技术与美的创造紧密结合的艺术。例如，我国的水立方、鸟巢、国家大剧院等建筑设计，均以其新技术、新材料、新结构结合完美的造型设计呈现出的独特魅力震撼了国人，也震撼了世界。

环境艺术这种人为的艺术创造，虽建立于自然环境之外，却不能脱离自然环境的本体，它必须根植于自然环境，并与之共融共生。如果环境艺术的创造需对森林植被、气候、水源、生物等自然生态资源进行无节制的利用和破坏，那么不仅将重蹈机械文明时代的覆辙，也背离了现代环境艺术设计的科学性、艺术性及可持续发展的本质。因此，环境艺术设计要采取与自然和谐共生的整体观念去构思，以生态学思想和生态价值观为主要原则，充分考虑人类居住环境可持续发展的需求，成为与自然共生的生态艺术。

环境艺术设计是以人为核心进行的设计，其最终目的是为人提供适宜的生存与活动场所，把人对环境的需求，即物质与精神的需求放在设计首位。环境艺术设计注重对人体工程学、环境心理学、行为学等方面的研究，科学深入地了解并掌握人的生理、心理特点和要求，在满足人们物质需求的基础上，使人们心理、审美、精神、人文思想等方面的需求得到满足，让使用者充分感受到人性的关怀，使其精神意志得到完美的体现。它综合地解决人对空间环境的使用功能、经济效益、舒适美观、环境氛围等方面问题的要求。因此，环境艺术是"以人为本"的艺术。例如，在进行环境艺术设计的过程中，设计师不仅会认真考虑使用者的特点和不同要求，即以其不同的年龄、职业、文化背景、喜好等方面问题的研究作为设计切入点；还会考虑当地气候、植被、土壤、卫生状况等自然环境的特点。另外，在一些公共环境中，我们常会看到盲道、残疾人专用通道等人性化的无障碍设计，为残障人士提供舒适、方便、安全的保证，这不仅是环境艺术设计，也体现了对弱势群体的关怀。

任何一种艺术都不可能孤立地存在，环境艺术设计也不例外。它是一门既边缘又综合的艺术学科。它涉及的学科领域广泛，主要有建筑学、城市规划、景观设计学、设计美学、环境美学、生态学、环境行为学、人体工程学、环境心理学、社会学、文化学等。环境艺术设计与这些学科的内容形成了交叉和融合，共同构成了外延广阔、内涵丰富的现代环境艺术设计这门学科。因此，设计师只有具备系统扎实的专业基础、理论知识，以广博的相关学科知识底蕴做支撑，具备良好的环境整体意识和综合审美素质，掌握系统设计的方法与技能，具有创造性思维和综合表达的能力，才能真正地为人们创造出理想的、高品质的生活环境。

二、中国传统文化与现代环境艺术设计的和谐共生

传统文化作为民族发展历程中深厚而丰富的历史积淀，不仅是民族心理特质与精神追求的具象化表达，更是连接过去与未来的桥梁，承载着集体记忆与身份认同。在当今这个全球化加速、世界文化多元交融的时代背景下，人类对居住空间环境的期待已远远超越基本的实用需求，转而追求更加多元化、更高层次的审美体验与文化归属感。因此，环境艺术设计作为一门专注于探索并优化人类生活环境的独立学科应运而生，它不仅关注空间的实用性，更强调文化性、艺术性与生态性的和谐统一。

中国作为拥有五千多年悠久文化历史的文明古国，其艺术宝库之丰

富、文化遗产之深厚，举世罕见。然而，面对快速变迁的社会环境与日益增长的审美需求，真正能够引领时代潮流、体现民族自信的设计作品，必须超越简单复制传统元素的层面，融入创新思维，避免陷入"拿来主义"的误区。这意味着，我们需要深刻理解并正确处理人文环境与现代化建设之间的关系，拒绝使其成为传统文化的简单复制品，而是要在尊重与传承的基础上，赋予其新的生命与意义。

二三十年间，随着国际交流的加深，大量国外设计师及其设计方案涌入中国市场，这无疑极大地拓宽了中国民众的视野，引入了国际先进的设计理念与技术。但这也给本土环境艺术设计师带来了前所未有的挑战，他们面临着话语权被削弱、本土设计方案市场被挤压的困境，从而激发了强烈的竞争意识。面对这一现状，中国设计师开始深刻反思，积极探索本土环境艺术设计的独特路径，尝试将中国特色与国际标准巧妙融合，既保持国际视野，又强化民族特色，顺应了"全球化"与"本土化"并行不悖的发展趋势。如今，越来越多的设计作品在后工业化的生活环境中脱颖而出，它们不仅展现了鲜明的民族特征与文化底蕴，也成为连接过去与未来的桥梁。

环境艺术设计民族化与地方化的发展实践，为我们提供了宝贵的启示：首先，要树立坚定的文化自信，拒绝盲目追随西方中心论，而是在后工业社会文明的新语境中，通过不断自我发现与自我认证，探索符合自身特色的设计之路；其次，必须深深扎根于本民族的传统文化土壤之中，汲取营养，实现"西为中用"，既要考虑国际潮流，也要紧密结合中国国情与民众需求；最后，设计作品需紧跟现代化步伐，在继承传统的基础上勇于创新，实现传统与现代的完美融合。这一过程，从某种程度上讲，正是中国传统文化在现代环境艺术设计领域的一种创新性发展。

三、传统文化要素在现代环境艺术设计中的地位

环境艺术设计的形式与风格，作为人类审美习惯与需求的直观体现，

历经数千年的演变，不仅映射出时代变迁的轨迹，更深刻地体现了人类对于美好生活的不懈追求。在这一过程中，众多哲学家与文化论者普遍认同，传统文化是推动历史车轮滚滚向前的不竭动力，它蕴含着天人合一的和谐理念、天下大同的广阔胸襟，以及极高明而道中庸的哲学智慧。这些精神特质穿越时空的界限，成为连接过去与未来的桥梁，指引着人类社会的发展方向。

然而，在当代社会，随着全球化进程的加速与新思潮的涌入，一种看似多元实则无序的文化现象悄然兴起，它与传统文化的深厚底蕴形成了鲜明对比。这种文化环境虽然表面上呈现出多样化的面貌，但实质上可能导致了文化根基的动摇与民族精神的淡化。对此，我们应当深刻反思，意识到民族传统文化是民族灵魂的烙印，它深植于每个个体的内心深处，无论外界如何风雨飘摇，都无法抹去其固有的光芒。正如法国文艺评论家丹纳所言："只要把历史上的某个时代和现代的情形比较一下，就可发现尽管有些明显的变化，民族的本质依然故我。"①这句话深刻揭示了传统文化在时间长河中恒久不变的力量，以及它对于维系民族认同、塑造民族性格的重要性。

因此，在现代环境艺术设计中融入传统文化要素，不仅是对历史智慧的致敬，更是人类社会发展与革新中保持健康方向的必然要求。通过巧妙地将传统元素与现代设计理念相结合，我们不仅能创造出既符合时代审美又具有深厚文化底蕴的设计作品，还能在全球化的大潮中坚守民族文化特色，促进文化的多样性与包容性。这样的设计实践不仅能满足人们对美好生活的向往，更能在潜移默化中增强民族自豪感与归属感，推动社会文化的持续健康发展。在这个过程中，环境艺术设计成为连接传统与现代、本土与世界的桥梁，展现了人类文明传承与创新的力量。

---

①胡林辉，严佳丽，吴吉叶. 环境设计艺术表达［M］. 北京：中国建筑工业出版社，2022.

四、传统文化要素在现代环境艺术设计中的形式分析

回望历史，古代文人雅士早已深谙情与景的和谐共生之道，他们将自己视为自然的一部分，追求与自然环境的亲密无间。这种对自然的崇尚与融入，构成了中国传统环境艺术最初的"天人合一"哲学思想。在当今这个后工业发展时代，人们对自然与田园生活的向往，无疑成为传统文化要素中不可或缺的一部分，绿色设计与环境艺术设计的结合也因此变得尤为紧密，共同探索着人与自然和谐共生的新路径。

绿色设计作为连接人与环境的桥梁，其重要性不言而喻。首先，绿色植被的直接参与，为室内空间创造了一个微缩的自然环境，调节着室内小气候，成为室内外空间的自然过渡与延伸。它们通过巧妙的布局与造景，不仅提供了连贯而自然的视觉效果，还以含蓄而智慧的方式引导着人们的视线与行动路径，使空间的使用更加流畅与高效。在有限的空间内，绿色植被还能起到分隔与调整空间布局的作用，既保持了空间的完整性，又提升了趣味性与层次感，使得每寸空间都充满了生机与活力。

其次，绿色植被以其独有的生命力，为冰冷的建筑环境带来了温暖与柔情，使人与建筑之间的关系变得更加亲和、和谐。它们如同大自然的使者，穿梭于钢筋水泥之间，为城市空间注入了生命的气息，让人们在繁忙的都市生活中也能感受到一丝来自自然的慰藉。

最后，绿色设计擅长利用植被点缀与丰富空间，使原本单调的空间变得生动而多彩。在古代，房屋内的植被往往被赋予了深刻的象征意义，如梅之傲骨、兰之幽香、竹之坚韧、菊之淡泊，这些植物不仅代表着主人的情怀与品质，更成为传统文化中不可或缺的一部分。在当今的绿色设计中，我们同样可以借鉴这种以植物寄情的手法，通过巧妙的植物配置，传达出设计者的情感与理念，让空间不仅是居住或工作的场所，更是心灵的栖息地，承载着人们对美好生活的向往与追求。

在审视后工业时代塑造的多元化环境艺术设计发展现状时，我们应当秉持一种全面而深入的视角，既不应轻视国际化标准带来的先进理念与

技术，也不应盲目追随，忽视本土文化的独特价值。国际化标准作为全球设计交流的重要桥梁，促进了设计语言的共通与设计的全球化传播，为环境艺术设计提供了更广阔的视野与更高的标准。然而，仅仅关注国际化标准，而忽视本土文化的深度挖掘与创新融合，则可能导致设计作品缺乏灵魂与独特性，难以真正触动人心。

因此，正确处理传统文化与时代化发展之间的关系，成为当前环境艺术设计领域亟待解决的关键问题。这既要求我们尊重并传承传统文化的精髓，又要求我们勇于面对时代的挑战，将传统文化的智慧与现代设计的理念相结合，创造出既具有深厚文化底蕴又符合时代审美需求的设计作品。调整传统文化与时代化发展之间的矛盾，并非简单地取舍，而是要在深入理解两者内在联系的基础上，寻找最佳的平衡点，实现两者的和谐共生。

在此过程中，强调民族意识至关重要。民族意识是民族文化的核心，它承载着民族的记忆、情感与价值观。在环境艺术设计中融入民族意识，不仅能增强设计的文化认同感与归属感，还能在全球化浪潮中保持民族的独特性与竞争力。同时，坚持走可持续发展的新型设计道路，将环保理念贯穿设计的每个环节，是实现经济效益、社会效益与环境效益共赢的关键。

为了实现这一目标，我们需要不断将创新思维注入传统文化当中，通过跨界融合、技术革新等手段，挖掘传统文化的现代价值，赋予传统文化新的生命力。这不仅需要设计师具备深厚的文化底蕴与创新精神，还需要社会各界的支持与参与，共同推动环境艺术设计的繁荣发展。

最终，我们的目标是不断改善大众的生活环境，提高大众的生活质量，让传统文化真正地融入环境艺术设计，成为连接过去与未来、传统与现代的桥梁。这样的设计作品，不仅能满足人们对美好生活的向往，还能在潜移默化中传承与弘扬民族文化，为构建人类命运共同体贡献力量。

第二节　美学视域下的环境艺术设计

时代的变迁、社会的进步、城市化进程的加速，改变了以往的乡村环境，一切都变得新颖无比，高楼大厦林立，环境美感却荡然无存。现代城市规划缺乏美学思想，过度追求现代化而忽视了文化内涵，导致环境艺术美中不足。本节首先介绍环境艺术突出文化底蕴的必要性，其次研究美学视域下环境艺术的文化塑造策略，再次分析美学视角下的环境艺术创新与实践，最后分析美学理念在环境艺术设计中的融合与表达。

创设优美的生活环境，不仅是提高人们生活水平的重要部分，还是社会进步的集中表现，当前社会更强调环境的艺术水准。国家提出了"文化强国""中国梦"等的发展战略目标，说明国家既注重环境问题，又强调文化建设，而将环境与文化相结合，能满足这一基本要求。环境艺术要表现"美"，以美学思想为基础，合理地匹配相应的文化，能够让人们在所处环境中产生身心美感。鉴于此，本节着重研究美学视域下环境艺术的文化塑造，并在此基础上提出了行之有效的实施策略，供相关人员借鉴。

一、环境艺术突出文化底蕴的必要性

环境作为人类生存与发展的重要基石，其质量直接关系到人类生活的舒适度与幸福感。一个理想的人居环境，不仅要具备舒适宜人的物理条件，还要蕴含深厚的文化底蕴，以满足人们日益增长的精神文化需求。中国，这个拥有数千年悠久历史的文明古国，积累了丰富多样的民族文化，每种文化都如同一颗璀璨的明珠，闪烁着独特的物质文化与精神文化光芒，它们共同构成了中华民族丰富多彩的文化宝库。

这些文化遗迹，无论是古老的建筑、传统的艺术形式，还是民俗风情、历史故事，都深深地烙印在中华大地上，成为人居环境不可或缺的组成部分。它们不仅承载着历史的记忆，更以其独特的魅力，为人居环境增添了无限的文化底蕴，使得每处空间都充满了故事与情感，让人们在日常生活中感受到文化的滋养与熏陶。

随着时代的发展，"绿色之美"已成为现代城市环境设计的核心理念之一。以"绿地设计"为主导的城市规划，不仅美化了城市景观，提升了城市的生态质量，更以其独特的文化韵味，满足了现代大众对于自然与和谐共生的心理审美需求。绿地中的每处设计，都蕴含着对自然的尊重与敬畏，以及对美好生活的向往与追求，它们成为人们健康生活的有力保障，也是城市文化的重要载体。

在此背景下，环境艺术设计不再仅仅局限于形式与功能的追求，而是更加注重文化底蕴的挖掘与展现。设计师通过深入挖掘地域文化的精髓，将其巧妙地融入环境艺术设计，使作品不仅具有视觉上的美感，更富有深刻的文化内涵。这种设计理念不仅提升了环境艺术设计的品位与价值，更使其成了传承与弘扬民族文化的重要途径。

因此，可以说环境艺术之美，是为大众文化服务的，它不仅是一种视觉上的享受，更是一种心灵的滋养与文化的传承。突出文化底蕴，是环境艺术设计的终极目标，也是其永恒的魅力所在。在未来的发展中，我们应继续探索与创新，将更多的文化元素融入环境艺术设计，让每处空间都成为传承文化、滋养心灵的圣地，共同构建一个更加美好、和谐的人居环境。

二、美学视域下环境艺术的文化塑造策略

强化环境的实用功能。在美学视域下，环境艺术既要注意美感设计，又要注重文化氛围的营造。环境艺术设计师要从所处地理位置出发，了解特定地区的人群特点和心理审美需求，围绕大众的实际生活进行设计，确保环境艺术的实用功能。赢得公众的认可，不浮夸，稳中求进，实事求是，实现文化与周围环境的完美结合，这样的环境艺术才富于文化之美。

当然，强化环境的实用功能，还必须考虑生态环保功能，让整个环境都能为人们的幸福生活带来益处。

赋予建筑个性化标签。针对不同的地域，环境艺术也应不同，只有与当地的生态、文化相适应，才能彰显其艺术价值。建筑是一个地区环境的最显著特征，设计人员需要赋予其个性化的标签，才会有"美感"。随着现代社会商业建筑布满了城市的各个角落和许多乡镇地区，其外观艺术塑造必须符合大众审美需求。例如，在高楼大厦林立的时代，附带"绿色花园"的大厦更受人欢迎；写字楼更倾向于"个性化"设计，突出主体拥有者的事业，像电视台以"高层建筑"为主，具有"俯瞰整座城市"的优点，也由此成为各个城市的地标。

总之，只有拥有良好的生活环境，人们才能身心健康，安居乐业。在美学视域下，环境规划要注意艺术性，突出时代特征，适应大众的审美心理，同时要体现出一定的文化内涵，确保环境的"美"与"文化"交叉融合，这也是审美需求在物质空间的集中体现。

三、美学视角下的环境艺术创新与实践

美学视角下的环境艺术创新与实践，是一个既古老又新颖的课题，它涵盖了艺术、设计、文化、生态等多个领域，旨在通过美学理论的指导，推动环境艺术的创新设计与实践应用，以创造出既具有审美价值又符合功能需求的空间环境。在全球化与信息化的时代背景下，环境艺术不仅是美化环境的手段，更成为连接人与自然、过去与未来、本土与国际的重要桥梁。

美学作为环境艺术设计的理论基础，为设计实践提供了丰富的思想资源与审美标准。从古典美学到现代美学，从东方美学到西方美学，各种美学理论都在不同程度上影响着环境艺术的设计思路与创作风格。例如，古典美学强调对称、均衡、和谐等形式美法则，这些法则在环境艺术设计中体现为对建筑、景观、园林等的布局与构造的精心安排；而现代美学则更加注重个性、创新、多元等价值追求，鼓励设计师打破传统束缚，探索新

的设计理念与表现手法。又如,在东方美学中,禅意、诗意、画意等美学理念被广泛应用于环境艺术设计中,营造一种静谧、淡泊、悠远的审美意境;而西方美学则更注重理性、逻辑、科学等思维方式,强调设计的实用性与功能性。

在美学理论的指导下,环境艺术创新设计呈现出多元化的发展趋势。一方面,设计师不断挖掘传统文化的精髓,将传统美学元素与现代设计理念相结合,创造出既具有历史厚重感又不失时代气息的设计作品。例如,在一些历史街区的保护与更新项目中,设计师通过提炼传统建筑元素、运用现代材料与技术,打造出既保留历史风貌又符合现代生活需求的空间环境。另一方面,设计师积极借鉴国际先进的设计理念与表现手法,将不同文化背景下的美学理念进行融合与创新,形成独具特色的设计风格。例如,在一些国际化大都市的公共空间设计中,设计师巧妙地将东西方美学元素相结合,创造出既具有国际化视野又不失本土特色的设计作品。

在实践应用方面,环境艺术创新设计不仅提升了城市空间的审美价值,还促进了城市文化的传承与发展。通过设计创新,城市空间得以更好地展现其地域特色、历史风貌与文化底蕴,从而增强了城市的辨识度与吸引力。同时,环境艺术创新设计注重提升城市空间的实用性与功能性,满足市民日益增长的物质文化需求与精神文化追求。例如,在一些城市公园、广场、步行街等公共空间的设计中,设计师通过合理规划布局、丰富功能设施、提升景观品质等手段,为市民提供了更加舒适、便捷、美观的公共活动场所。

然而,环境艺术创新设计也面临着诸多挑战与问题。一方面,随着城市化进程的加速推进,城市空间资源日益紧张,如何在有限空间内创造出既具有审美价值又符合功能需求的设计作品成为一大难题;另一方面,随着全球化的深入发展,不同文化背景下的美学理念相互碰撞与融合,如何在保持本土文化特色的同时吸收国际先进设计理念成为设计师需要思考的问题。因此,在未来的环境艺术创新设计中,设计师需要更加注重跨学科知识的融合与应用,加强理论与实践的结合和互动,不断推动环境艺术设计的创新与发展。

美学视角下的环境艺术创新与实践是一个充满挑战和机遇的领域。通过深入挖掘美学理论的内涵与价值，不断推动设计理念的更新与手法的创新，我们可以创造出更加优美、和谐、宜居的城市空间环境，为市民提供更加丰富多彩的精神文化生活。

四、美学理念在环境艺术设计中的融合与表达

美学理念在环境艺术设计中的融合与表达，是塑造城市风貌、提升公共空间品质、促进人与自然和谐共生的关键所在。环境艺术设计作为连接物质世界与精神世界的桥梁，不仅承载着实用功能，更蕴含着深厚的文化内涵与审美追求。美学理念作为指导设计实践的指导思想，其融合与表达在环境艺术设计中扮演着至关重要的角色。

美学理念的多样性为环境艺术设计提供了丰富的灵感源泉。从古典美学到现代美学，从东方美学到西方美学，每种美学理念都蕴含着独特的审美标准与价值取向。古典美学强调对称、均衡、和谐等形式美法则，这些法则在环境艺术设计中体现为对建筑、景观、园林等的布局与构造的精心安排，营造一种庄重、典雅的氛围。现代美学则更加注重个性、创新、多元等价值追求，鼓励设计师打破传统束缚，探索新的设计理念与表现手法，如极简主义、解构主义等。这些设计理念在环境艺术设计中体现为对空间、材料、色彩等的独特运用，创造出新颖、独特的视觉效果。

在东方美学中，禅意、诗意、画意等美学理念被广泛应用于环境艺术设计中。禅意美学强调"空""静""简"，追求内心的平和与自然的和谐。这种理念在环境艺术设计中体现为对自然元素的巧妙运用，如流水、石材、竹木等，以及简洁明快的线条与色彩搭配，营造一种宁静、淡泊的审美意境。诗意美学注重情感的表达与意境的营造，通过设计手法将诗歌、绘画等艺术形式融入环境，使人们在欣赏美景的同时感受到浓厚的文化氛围与情感共鸣。画意美学则强调画面的构图与色彩搭配，通过设计手

法将自然美景与人文景观相结合，创造出如诗如画的审美效果。

西方美学更注重理性、逻辑、科学等思维方式，强调设计的实用性与功能性。在环境艺术设计中，西方美学理念体现为对空间布局、材料选择、色彩搭配等方面的精确计算与合理安排，以及对人体工程学、环境心理学等科学原理的应用，使设计作品既具有审美价值又符合实用需求。同时，西方美学强调设计的创新性与多元性，鼓励设计师在尊重传统的基础上不断探索新的设计理念与表现手法，如生态设计、可持续设计等。这些设计理念在环境艺术设计中体现为对自然环境的尊重与保护，以及对绿色材料、节能技术等的应用。

在环境艺术设计中，美学理念的融合与表达不仅体现在设计手法和表现形式上，更体现在设计思维与文化内涵的深入挖掘上。设计师需要充分了解项目背景、地域文化、历史传承等因素，将美学理念与这些因素相结合，创造出既具有地域特色又符合时代需求的设计作品。例如，在一些历史街区的保护与更新项目中，设计师可以通过提炼传统建筑元素、运用现代设计手法，将古典美学与现代美学相结合，创造出既保留历史风貌又符合现代生活需求的空间环境。在一些国际化大都市的公共空间设计中，设计师可以借鉴国际先进的设计理念与表现手法，将东西方美学理念相融合，创造出具有国际化视野又不失本土特色的设计作品。

此外，美学理念的融合与表达还需要注重设计作品和人的互动及沟通。环境艺术设计不仅是美化环境的手段，更是提升人们生活质量、促进人与自然和谐共生的重要途径。因此，设计师需要充分考虑人的需求与感受，通过设计手法营造舒适、便捷、美观的公共空间环境，使人们在欣赏美景的同时感受到设计的温度与人文关怀。

综上所述，美学理念在环境艺术设计中的融合与表达是一个复杂而细致的过程，需要设计师具备深厚的文化底蕴、敏锐的设计思维与丰富的实践经验。通过深入挖掘美学理念的内涵与价值，不断推动设计理念的更新与手法的创新，我们可以创造出更加优美、和谐、宜居的城市空间环境，为市民提供更加丰富多彩的精神文化生活。

第三节　环境艺术设计的探究

环境艺术设计作为一种重要的艺术表现形式，结合了实用艺术和大众艺术，不仅改善了人们的生活环境，也满足了人们的审美需求。随着经济和社会的快速发展，环境艺术设计成为我国艺术设计行业的重要组成部分，独具个性，推动了我国社会主义现代化建设的发展。

本节主要介绍了我国城市建筑环境的现状和环境艺术设计中的个性化，并且分析了环境艺术设计的任务，环境艺术设计中的人与自然因素，以及现代环境艺术设计的发展趋势。

一、我国城市建筑环境的现状

随着我国城市化进程的飞速推进，我国城市居民的数量也稳步攀升，这一趋势直接带动了城市建筑需求的逐年增加。然而，城市人口的剧增如同一把"双刃剑"，在推动城市经济发展的同时，给城市环境带来了前所未有的挑战。生活废水、工业污水、固体废弃物等各式各样的垃圾问题层出不穷，植被被广场、公路、建筑群等硬质景观所取代，这些变化无疑给城市建筑环境造成了深远的影响。

一方面，城市的土壤生态系统遭受了严重破坏。原本具备良好保水能力的土壤，在大量硬化地面的覆盖下，雨水难以渗透回土地，导致地下水位急剧下降。这一现象在许多大城市尤为显著，严重缺水问题已经成为制约城市发展的关键因素之一。居民生活用水和工业用水需求难以得到满足，部分城市甚至陷入了用水危机，这不仅影响了市民的日常生活质量，更对城市经济的可持续发展构成了潜在威胁。缺水问题迫使城市不得不依赖远距离调水或海水淡化等昂贵且能耗高的解决方案，进一步加重了城市的财政负担和环境压力。

另一方面，城市排水系统面临着前所未有的压力。随着城市面积的扩大和人口密度的增加，排水系统的负荷逐年攀升，许多老旧基础设施已难以承载如此巨大的排水需求。雨季时，城市内涝现象频发，不仅影响市民出行安全，还可能导致城市基础设施的损坏。同时，城市排放的大量二氧化碳和其他温室气体因缺乏足够的绿色植被进行吸收与转化，加剧了城市的"温室效应"。柏油公路和密集的建筑群吸收并积累了大量热量，使得城市内部在夏季异常闷热，形成"城市热岛效应"。此外，城市内部噪声污染严重，空气质量恶化，粉尘颗粒物浓度超标，这些问题长期困扰着城市居民，增加了呼吸系统疾病、心血管疾病等健康风险，降低了人们的生活质量。

更严重的是，城市生态系统的自我调节能力在这一系列环境问题冲击下严重下降。植被的减少削弱了城市的"绿色肺"功能，无法有效净化空气、调节气候、保持生物多样性。城市水循环的破坏导致水资源短缺和地表水污染加剧，进一步威胁到城市的生态安全。"城市热岛效应"和"温室效应"的形成，不仅加剧了城市气候的极端化，还可能导致更频繁的自然灾害，如暴雨、洪涝、干旱等，对城市安全构成严重威胁。

因此，面对城市化进程中出现的种种环境问题，我们必须采取积极有效的措施，如增加城市绿地面积、推广雨水收集与利用系统、改善城市排水设施、推广绿色建筑和低碳生活方式等，以恢复和提升城市生态系统的自我调节能力，实现人与自然的和谐共生。这不仅关乎当前城市居民的生活质量，更是对未来世代负责，保护我们赖以生存的地球家园。

二、环境艺术设计中的个性化

谈环境艺术设计过程中的个性化设计问题是针对近年来在环境艺术设计过程中公式化、概念化，存在照搬、照抄现象的一种反思。个性化设计不仅是一种艺术形式，还是设计师本身经过多年设计实践积累的丰富设计经验，是在实践基础上逐渐形成的个人设计特点与设计风格。环境艺术设计过程中的个性化展现是设计师对整体设计构思中整体与局部关系的设想和把握。这种个性化展现，需要设计师带有较强的主观色彩。这种色彩在环境设计中往往能激起人们的思想解放，摆脱传统的羁绊，给人们带来某种文化和艺术形式的启迪。20世纪初风靡一时并起过卓越历史作用的"少即多""装饰即罪恶"的建筑哲学，发展到今天，越来越暴露出它审美上的偏颇。"建筑为人而不是为物"的建筑哲学，今天已被越来越多的人所接受。对历史主义、民族情调、怀旧情绪、人情味的追求，已经成为当今世界建筑思潮中一种不容忽视的力量。这是人性与理性在新时代建筑哲学领域的大搏斗。在环境艺术设计中，为了打破大工业生产给社会留下的程式化、概念化问题，人们开始对曾经存在的个性化设计进行某种新的认知，从而重新认识个性化设计的意义。对于个性化认知的方式，一是把大自然引到我们设计的室内或室外人造空间中；二是打破城市设计、建筑设计、室内设计整体大环境与局部环境中呆板的、毫无生气的直线条、水平的造型设计，用优美的曲线、丰富的色彩造型艺术展现我们的环境空间设计特点。

三、环境艺术设计的任务

在当今社会，人们渴望充满阳光和新鲜空气的自然环境，作为设计者要保存大自然的恩赐，认识到人与自然是有机的整体，要注重和谐发展。面对世界环境艺术取得的新成就和我国改革开放以来对环境艺术的追求，创建和谐社会的需要，既是机遇，又是挑战，我们要结合实际，大胆借鉴，使我们的环境艺术设计再上一个台阶。

自建筑事业飞速发展以来，建筑物对环境的保护也造成了很大影响，植被的破坏、"温室效应""热岛效应"等不断产生。在对城市建筑环境进行艺术设计时，我们要以人为本，实现建筑与环境的协调共存。通过对各个方面的考虑，探索出多姿多彩的建筑环境艺术。让我们把握住建筑环境艺术设计的发展轨迹，创造出更好的发展方向。

建筑是人类必不可少的生存环境，建筑环境的好坏也直接影响到人们的生活状态，只有好的建筑环境才能让人们更加舒适、健康地生活。对于建筑景观的环境艺术设计，我们就更应该深入研究。只有让建筑环境设计变得科学化、系统化、精致化、人性化，才能拥有更合理的建筑景观。建筑环境艺术设计者的责任更是重大，需要对各个方面的知识有所了解，甚至需要进行深入地探究。

通过以上论述，建筑环境艺术设计者应该从各个方面考虑环境的重要性和使用价值，包括社会、经济、生态、地域和历史文化等条件，并结合各个学科，整体构建与周围环境统一和谐的建筑环境。"以人为本"的环境意识让人们想要回归自然，追求与自然和谐共生的状态，追求健康的生活方式，这样的观念会让人们对城市环境艺术设计提出更高要求。

四、环境艺术设计中的人与自然因素

在环境艺术设计中，深入考虑人与自然因素的重要性，是确保设计作品既美观又实用的关键。人作为设计的服务对象，其需求、行为和心理状态直接影响着设计的方向与功能布局。同时，自然环境作为设计的依托，其地形、气候、植被等条件对设计产生深远影响。

将人与自然因素紧密结合，可以使设计作品更加贴近自然、融入自然，提升居住环境的舒适度和美观度。这不仅有助于满足人们对美好生活的向往，还能促进人与自然的和谐共生，提升人类的生活质量。

因此，在环境艺术设计中，设计师必须充分重视人与自然因素的重要性，综合考虑人的需求和自然环境的限制，确保设计作品既符合人类的使用需求，又能与自然环境相协调，实现人与自然的和谐统一。

（一）环境艺术设计以生态自然为基础

环境艺术设计将"环境""艺术"和"设计"三个概念相互联系、相互结合融为一体，是指以自然环境为立足点，设计活动在特定的区域内进行，通过艺术手法将社会因素、自然因素及其他各类因素进行艺术设计、布局和综合运用满足人对空间的需求，最终达到人与自然、人与社会的相互协调，为人类营造丰富、便捷的生活环境。因此，环境艺术设计的实践目的就是创作一个人工环境，这一实践的基础就是认识到人及与人相关的环境都属于完整生态系统的一部分，从宏观上理解，环境艺术设计就是包括人在内的生物与岩石圈、水圈和空气相互作用的一系列活动，设计活动的本质目的应是创造自我调控的人工环境系统。

（二）环境艺术设计以"人"为核心

传统环境艺术设计"以人为本"的价值观倾向于"人类中心主义"，设计着重体现人的价值、意义与发展，是人的利益最大化的单向设计。现代以来，设计的生态价值观体现了环境与人的新型关系，强调人应对环境承担相应的责任与义务，实现人与环境的整体和谐发展。

五、现代环境设计的发展趋势

了解现代环境设计的发展趋势有助于设计师和相关从业者更好地把握行业脉搏。随着科技、文化和社会需求的不断变化，环境设计领域也在不断发展。通过深入研究和分析这些趋势，设计师可以更加明确自己的发展方向，制定更合理的职业规划。

现代环境设计的发展趋势往往反映了市场和消费者的最新需求。设计师通过了解这些趋势，可以更加准确地把握消费者的喜好和期望，从而在设计过程中融入更多符合市场需求的元素。这不仅能提升设计的品质和竞争力，还能更好地满足消费者的期望和需求。

现代环境设计的发展趋势往往伴随着新技术的不断涌现。了解这些趋势有助于设计师和相关从业者积极拥抱新技术，推动技术创新和产业升级。例如，虚拟现实、增强现实等技术在环境设计中的应用已经越来越广泛，这些技术不仅提高了设计的效率和准确性，还为设计师提供了更多创作和呈现的可能性。

随着全球气候变化和资源枯竭的问题日益严峻，可持续发展已经成为现代环境设计的重要方向。了解这一趋势有助于设计师在设计过程中更加注重环保和资源的可持续性利用。通过使用可再生材料、优化能源利用等方式，设计师可以创造出既美观又环保的环境空间，为社会的可持续发展作出贡献。

现代环境设计的发展趋势也呈现出国际化特点。随着全球化的加速和国际交流的增多，设计师需要具备国际化的视野和设计能力。了解现代环境设计的发展趋势有助于设计师拓宽国际视野，了解国际市场的最新动态和趋势，从而提升自己的国际竞争力。

（一）向自然回归

人类与环境的相处可分为四个阶段。第一阶段是恐惧与被动接受，把自然当成天敌，盲目利用自身有限的条件进行抵抗；第二阶段是适应和有限利用，选择有利的自然条件来创造环境，以满足不同室内外活动的需求；第三阶段是侵略和征服，为了暂时的短期效益而对自然进行无休止的索取，无视自然条件合理地运用，使自然环境受到无情的吞噬和破坏；第四阶段是负责任地利用并与之和谐共处。在总结了第三阶段人类带给环境的不良影响后，我们便开始重视环境因素，对其进行保护，并与自然和谐相处。这对室内外环境艺术的设计也产生了深远影响。现代环境设计观念的发展趋势之一就是向自然回归。

唐代诗人李白的"小时不识月，呼作白玉盘。又疑瑶台镜，飞在青云端"诗句描述了人对自然的认识，也记录了人们从"触景生情"到"寄情于景"再到"以景托情"最终到"以情绘景"的过程。目前，采用以"征服自然"的思想来建设环境的例子不胜枚举，如何向自然回归，负责有效地利用自然条件的理论和方法还处于探索阶段。北京十三陵的设计则是一个值得我们学习的古老而宏伟的实例，它借助外部环境本身所具有独特而有感染力的空间形态这一自然环境条件的设计思想，是一个运用自然的环境回归自然的非常有效的方法。甬道端头的十字拱亭位于半圆山脉中央，与山脚下的十三座碑亭共同形成了一个群山环抱的弧形空间，营造了一个气势恢宏的纪念性环境。

环境艺术设计遵循亲近自然与回归自然的原则。例如，在社区环境中，强调原生态环境与社区生活活动的融合，用核心绿地、庭院绿地、小尺度的步行广场同核心景观带、步行道一起构成环境中的绿色景观走廊，将整体的、组团的、邻里交往的空间与自然流动的建筑、景观空间相融合。

总之，在室内外环境的创作中要更多地利用自然条件，以减少对环境原貌的破坏，并促进环境中植物与动物的生存发展，使室内外环境成为一个更有利于人类健康发展的生存环境。

（二）向历史回归

由纪念性活动催生的人类精神与文化，一直是环境艺术设计发展的动力之一。在全球经济一体化的同时，城市的历史、文化的本位，特别是发展中国家的本土文化不可避免地受到冲击。地区间差距缩小的同时，带来了城市间环境的相似。而这种文化国际化带来的环境趋同现象的产生，忽略并抹杀了地区的差异性和历史文化的多元性，这与整个世界发展多元化的要求是背道而驰的。

随着人们环境意识的增强和环境艺术设计学科的兴起，我们应更加关注人居环境的精神内涵和历史文化气质，城市环境文化上的构成形式与精神及行为之间的关系等问题。无论什么时代的城市都不能脱离其历史背景而存在，环境艺术的发展也不能以破坏原有城市底蕴和城市肌理为前提。由此，在对历史文化失落的反思中，各国纷纷对本民族历史文化重新认识、定位。随着经济的发展，向历史回归、对本地文化历史的自我肯定将是21世纪的趋势，因此环境必然发展为"人性"的环境。只有恢复历史、建立人类环境文化的整体意识，用新的价值精神、哲学伦理去创造环境，才能达到人类精神的复兴。

在现代社会，切实保护与合理利用历史文化遗产是许多国家文化发展的方向之一。在历史发展过程中形成的环境——建筑小品、街巷及至自然环境风貌，都是地方传统文化的载体，正是这些载体成为使人们联系在一起的重要精神纽带。其本身就是极具价值的环境艺术资源。它们的存在对提升人类的环境品质与文化内涵具有不可取代的作用。随着社会文明的发展，许多历史建筑和环境被规定为受到政府保护的文物，联合国教科文组织更以"公约"的形式，确立了世界性的人类文化与自然遗产保护条例。

综上所述，向历史回归在环境艺术设计的过程中主要体现在以下三个方面：一是在设计中对历史文化精神、设计思想的继承，二是历史文化及设计元素在设计中的回归，三是在设计中对历史环境正确的保护及修缮。

（三）融合现代科技与人深层情感需求的创新发展

从微观角度来看，每个环境的构成都离不开特定经济技术条件提供的物质保障，如构成环境界面的材料。环境中的各类装饰和设施无不留下了当时科学技术的印记。例如，霍莱因在慕尼黑奥林匹克村小游园的设计中，创造了一个带空调、照明、音乐、电视等各种服务的广场，体现了运用当代科学技术在创造全新室外环境模式方面的追求。

从建筑小品、室内设计及室外环境设计的发展历程来看，新风格与潮流的兴起，总是和社会生产力发展水平相适应的。社会生活和科学技术的进步，人们价值观和审美观的转变，都促进了新型材料、结构技术、施工工艺等在空间环境中的运用。环境艺术设计的科学性，除了物质及设计观念上的要求外，还体现在设计方法和表现手段等方面。

环境艺术设计需要借助科学技术的手段，实现艺术审美的目标。因此，科学技术将为更多的设计师所运用，它说明了环境艺术设计科技系统渗透着丰富的人文科学内涵，具有浓厚的人性化色彩。自然科学的人性化，是为了消除工业化、信息化时代科学对人的异化，对情感淡忘的负面作用。如今，自然科学、环保等许多现代前沿学科已进入环境艺术设计领域，而设计师业务手段的计算机化，以及美学本身的科学走向、设计过程中的公众参与和以人为本的设计理念，又拓展了环境设计的科学技术天地。

第二章　环境艺术设计教育的发展

随着生活水平的不断提高和审美需求的不断变化，人们对环境艺术设计的期待也日益增强。环境艺术设计教育的发展，能够培养一批既具备扎实专业技能，又充满创新意识的设计人才，以满足社会对美好生活空间的不断追求。此外，环境艺术设计教育还发挥着重要的文化传承与创新作用，它将传统文化的精髓融入现代设计，不仅能让传统文化焕发新生，还能增强国民的文化自信。在这个过程中，环境艺术设计教育同样起到了促进学科间相互交流与合作的桥梁作用。

第一节　环境艺术设计的教学方法

环境艺术设计作为一门高度综合且具有强烈实践性质的学科，对学生的要求非常全面。学生不仅需要掌握扎实的理论知识，还需要积累丰富的实践经验和培养创新思维。因此，优化环境艺术设计的教学方法，不仅能帮助学生在个人能力上有所提升，也能为环境艺术设计行业的可持续发展奠定坚实的人才基础。教育机构和教师应持续探索并改进教学方法，以便更好地应对行业的需求变化，确保教学内容和方法能够与行业发展同步。

一、环境艺术设计教学观念

随着环境艺术设计教育的逐步发展，教育理念也在不断演变。在这一过程中，教学信念、价值观及教育活动的规范逐渐形成了对于环境艺术设计学科教育的独特认知。如今，环境艺术设计的教学理念已经不再局限于传统方式，而是在继承经典教育思想的基础上，进行积极的更新和创新。这些新理念不仅更好地满足了现代教育改革的需求，还充分体现了时代的发展趋势。它们不仅适应当下的教育环境，还预示着未来环境艺术设计教育实践的方向。

（一）环境艺术设计教育的特色观念

从教育学的角度来看，环境艺术设计教育的特色观念包含两个关键要素：首先，要推动学生个体差异的和谐发展；其次，要构建具有特色的教学体系。二者相互关联，共同作用，推动环境艺术设计教学的个性化、差异化发展。在实现这些目标时，首先需要转变学生一直以来的被动学习状态，使学生在环境艺术课程中主动展现自己，达到个性化的成长。通过这种方式，教师可以实现因材施教，使每个学生在教学过程中得到符合其个性化需求的教育。

然而，在环境艺术设计教学中，传统的"填鸭式"教学往往忽视了学生自主学习和个性发展的需求，导致学生对实践课程产生浓厚兴趣，但对理论知识产生排斥。因此，如何在教学过程中培养学生的主观能动性，激发他们的兴趣和创造力，让他们主动投入学习，成为教学中的关键问题。教师要通过改进教学方法，设计灵活多样的教学模式，帮助学生在实践中提升理论素养，促进学生全面发展。最终，教育的目标是让学生在教学中实现自主成长，形成具有个性的思考方式和创新能力，为环境艺术设计行业的未来输送更多优秀人才。

（二）环境艺术设计教育特色观念中的民族文化观

民族文化观是指每个国家独特的精神文化面貌，任何一个民族在漫长的历史进程中都会逐步孕育出自己独特的文化风貌和精神特质。民族精神作为大多数民族成员尊崇的核心生活原则，成为民族的文化基石。因此，在环境艺术设计教育的框架内，我们应当将受教育者的精神生活规范与民族特征结合起来，特别是在课堂教学中，要注重传承和教授具有鲜明个性及灵性的民族文化特点，并给予地方民族化指导的高度重视。

在我国的环境艺术设计教育中，尤为重要的是建立一种能够体现中华民族文化特色的教学体系。这种体系不仅要尊重并继承中国传统文化，还要根据当代国情的变化进行相应调整，以便培养能够代表地方特色并具备民族情感的优秀环境艺术设计师。

不同民族和国家的文化传统都是其社会与历史背景的产物，汲取这些传统文化中的养分，并将这些养分与时代需求相结合，将催生一种新型的艺术设计风格，这种风格既能表达个体的独特性，又能与时代精神高度契合。经过历史的不断淬炼与创新，这种艺术形式将最终发展成该国或民族所需的传统元素，并在不断演化中形成具备独特性与代表性的艺术设计语言。因此，现代环境艺术设计师在创作过程中，应该充分融入和继承这些传统文化，并将其转化为时代的产物，以实现文化与设计的有机结合。

中国作为一个文化底蕴深厚的国家，其传统文化和教育体系经历了数千年的发展与积淀。现代环境艺术设计教育必须深刻认识到这一点，保留并传承本民族的文化特征，唯有如此，我们才能培养出具有中国特色的环境艺术设计师，并为推动中国环境艺术设计事业做出自己的贡献。

当前，我国的环境艺术设计教学要实现本土化和民族化，应该从两个方面入手。一方面，我们要在教学中重视人文文化的培养，鼓励学生深入探索那些蕴含丰富传统文化的学科，如文学、历史、哲学等，与环境艺术密切相关的人文学科。通过这种方式，我们可以让中华优秀传统文化得到有效传承。另一方面，我们要从辩证的角度看待环境艺术设计教育中的民族化和全球化关系。在全球文化信息日益交融的时代背景下，环境艺术设计教育应当在国际化与本土化之间实现互补和融合。只有这样，我们才能在国内外教育体系中占据独一无二的地位，培养出独具特色的环境艺术人才。具体来说，要将人文教育融入环境艺术设计教学，我们可以从以下几个方面着手。首先，我们应改变传统的教学观念，摒弃仅仅注重环境艺术设计专业技能的教学方式，更多关注学生的全面素质提升。例如，我们可以通过增加与环境艺术设计专业相关的传统文化课程比例，加大对传统文化的教育力度。进一步地，我们可以通过选修课程或第二专业的设置，加强学生的跨学科学习能力，提升学生的外语水平，信息处理能力和新技术、新材料的应用能力。其次，我们应将中华民族艺术课程纳入环境艺术设计专业的教学计划，特别是将传统工艺艺术相关内容重新纳入教学体系。通过学习民族和民间工艺课程，学生将能够掌握如何在设计中运用传统设计符号，从而在实际创作中自然而然地传承传统设计理念，并增强对民族文化的认同感和自豪感。

（三）环境艺术设计教育特色观念中的地域差异观

在进行环境艺术设计教学时，教师必须充分认识到各地的地域差异，并根据当地实际情况保持和发扬各自的特色。我国地域广阔，拥有众多民族，各地的生态、文化、社会经济发展水平差异显著。因此，环境艺术设计教育必须从各个区域的实际需求和特点出发，重视本地传统文化的传承与创新，同时适应不同地区的社会文化背景，进行差异化的教学设计。当前，我国各地的经济发展存在不平衡，导致不同区域学校在环境艺术设计教育的目标、内容及方法上有着不同要求。环境艺术设计教育应当始终坚持"服务地方"的宗旨，以务实的态度，致力于学生的人格发展和特长培养，推动学生在专业技能和综合素质方面取得全面提升。因此，学校在办学过程中需要结合地区的实际情况进行科学规划，考虑到本地的生态、文化背景及市场需求，进行区域性差异化的教育布局。为了实现这一目标，学校需要对本地的环境艺术人才市场进行深入分析，准确判断市场需求，确保教育目标与市场需求相匹配。同时，学校需要依据其层次和类型对教学模式与培养目标进行精确定位，确保能够为地方经济和文化提供合适的人才。此外，教学内容也应根据本地特色进行有针对性的设计，在课程设置和教学方法上实行层次化管理，使其具有鲜明的地方性特色。通过精心规划和科学布局，学校能够培养具有本地特色的优秀环境艺术设计人才，这些人才将能够满足社会的需求，推动当地文化和社会的发展。

（四）环境艺术设计教育特色观念中的校园文化观

大多数教育活动都发生在学校，学校作为教育的主要阵地，承担着学生全面发展的责任。在学校中所处的各种教学情境，会对学生的人格成长产生深远影响。尤其在现代环境艺术设计教育中，学校需要营造具有独特性的教学氛围，充分发挥学科本身的优势，凸显环境艺术设计教育的特色。这也意味着，学校应当构建具有自己特色的校园文化。校园文化的本质是学校对各专业办学理念的支持和尊重，它对学校内各专业的教学方向、发展方法有着深刻影响，同时对教学活动起着一定的引导作用。

一所学校的优质校园文化建设，需要经过时间的积淀，最终形成独具特色的文化风格。学校营造的特有文化氛围，对于培养学生个性和学风具有重要作用。尤其是对于环境艺术设计专业的学校，在塑造特色校园文化时，应结合环境艺术设计学科的特点，支持并帮助相关院系构建与学科发展方向一致的教育体系。这样，学校能够营造符合环境艺术设计教育要求的文化氛围，并将其融入整体校园文化，使不同学科、专业的文化既独立发展，又相互影响、协同进步。同时，学校应加强对环境艺术设计专业及相关学科的教学资源建设，增加公共阅读材料、专业书籍及多媒体资源，并积极举办国内外学术交流活动，让学生参与各种设计竞赛和展览。此外，通过与周边行业企业的合作，学生可以有更多机会参与实际项目，提升实践能力，培养市场需求导向的设计思维。通过这种方式，学校能够营造充满环境艺术特色的教学氛围，突出其教育的文化特性。各国和地区的环境艺术设计教育要肩负起本民族及地区文化传承与创新的责任，这就要求教育在特色教育理念的指导下，构建出符合本地文化和市场需求的教学模式。无论是高等院校还是其他层级的环境艺术设计教育机构，都应根据市场需求和学科特点，在个性化教育理念的指导下，实施差异化的教育策略。每所提供环境艺术设计教育的学校，都应该在特色教育理念的框架下，形成独特的校园文化，并确保学生人格的全面发展。在艺术教学中，最宝贵的是保留艺术本身的特点，尤其在环境艺术设计教学中，教师应坚持具有特色的教育理念，实施符合学科发展的教学方法。这是培养优秀设计人才的关键。国际上，许多著名设计大师正是在特定教育理念的影响下，逐渐形成了个人特色。他们将自己的信仰和理论作为设计实践指南，创造出一系列影响深远的经典作品。中国的环境艺术设计教育同样应当以具有中国特色的理念为导向，为社会培养更多高素质的环境艺术设计人才。

二、环境艺术设计教学方法

环境艺术设计教育的价值主要体现在其独特的教学模式上，该模式强调理论与实践的结合，致力于培养学生的创新思维和实际操作能力。教师通过实施多种教学策略，包括但不限于案例研究、模拟设计项目、实地调研等，有效地帮助学生深入理解和掌握设计理论与实用技术。学生在这种教学环境中，不仅能够透彻了解和运用各种材料与工艺，还能够评估和应对环境因素对设计的影响。

（一）优化教学管理机制

优化教学管理机制，关键在于加强基础课程的教育，特别是环境审美学科。环境美学的研究，尤其是在城市空间和建筑美学方面，已在全球范围内取得了诸多成就。这一学科的强化对于提高学生的专业知识和审美能力具有决定性作用。教学方法采用"工作室制"或创建社交性设计公司是可行的方案。通过"工作室制"，学生将在统一的课程训练后，进入专业教师的工作室接受更具针对性的指导，这种教育模式旨在通过实际操作加深理论知识的理解并提升应用能力。此外，高等职业技术学院必须采取更加灵活的教学模式，以确保教学内容与社会需求的无缝对接，目的是培养具有深厚理论基础和丰富实践经验的高技能专业人才。

（二）创新教学环境

为了培养具有高技能、高素质和高水平的专业技术人员，教育模式的创新至关重要。在环境艺术设计专业中，处理好基础课程与专业课程之间的关系是提升教学质量的关键。特别是，在专业设计课程的实施中，强化学生与社会的互动至关重要。教育者可以通过多种途径提供机会，让学生参与真实的工程项目，这样不仅能使他们将课堂上学到的理论知识应用到实际操作中，还能使他们在实践中不断提升自己的技能。北海艺术设计学院实施了一种创新的教学模式，将教师的专业身份与设计师的职业角色相结合。这些教师不仅在教室内教学，还积极参与设计实践。很多教师甚至建立了自己的设计公司，担任设计总监或设计师等。

（三）服务和融入地方

环境艺术设计的材料与形式各不相同，它们蕴含的文化意义也有着各自的特色。这种差异性不仅要求设计师具备高水平的文化素养，还要求他们能够在设计中融入更多深层次的文化理解。在设计过程中，设计师必须对作品所处的区域有充分了解，深入思考历史背景、人文精神、民族特色、经济发展及地方思想观念等各个方面，必须具备扎实的民族文化意识。只有这样，设计师才能超越表层，借助材料和形式传递出背后的精神文化理念，从而创造出更具文化深度的作品，同时确保这些设计符合地方特色、贴近民情，能够被大众广泛接受。因此，在环境艺术设计的课程体系建设中，我们应着重加强民族文化意识和地方服务理念的培养。在基础课程的设置中，教师需要更多地融入地方文化的精髓和地域特点，为学生提供更丰富的文化背景知识。在正式开展设计项目之前，深入的调研必不可少，设计创意的产生必须依托实地考察和详细的环境分析。设计师应当充分利用地图、照片、数据表格等工具，深入剖析项目所在环境的特点，并提出具有针对性的设计方案。与此同时，教师应积极参与科研项目，以课题研究为载体，为地方发展提供解决方案，从而进一步推动课程内容的本地化和应用实践。在北海艺术设计学院的一次成功尝试中，通过将工程实践和科研工作结合起来，有效地促进了地方服务项目的落实。环境艺术设计是一门具有高度实践性和创造性的学科，教师应不断探索新的教学模式，创新课程内容，通过教育改革提高学生的创造力和实践能力。

第二节　我国环境艺术设计教育现状

伴随着城市化进程的加速和人们对高品质生活的追求，环境艺术设计已经成为城市发展和文化塑造的重要组成部分。在这一背景下，我国环境艺术设计教育面临着前所未有的发展机遇与挑战。一方面，社会对于环境艺术设计人才的需求逐步增加，这为教育领域提供了广阔的成长空间；另一方面，行业对于设计人才综合素质、创新能力和综合实力的要求日益提高，促使教育体系必须做出相应的调整和提升。

因此，强化环境艺术设计教育，培养具有创新精神和实际操作能力的高素质人才尤为重要。这不仅能够推动我国环境艺术设计行业的持续发展，提升城市文化的整体水平，还能够对传统文化的保护与传承起到积极作用，促进不同文化之间的交流与互动。在这个过程中，通过培养创新性强、实践能力突出的设计人才，我们能够更好地推动社会的和谐与进步，为建设更加美好的社会提供必要的支持和保障。

一、环境艺术设计专业的起源

从整体发展的角度来看，室内设计已经比较成熟，因此国内大学在教授环境艺术设计时，通常会偏重室内设计的内容。随着"环境艺术设计"这一课程的引入，越来越多的大学开始设立该课程，并取得了不同程度的发展。

环境艺术设计专业起源于工艺艺术教育，并在这一基础上逐渐发展出独具中国特色的教育体系，形成了理科和文科两大主流体系。理科教育是建立在科学与技术基础上的艺术教育，强调严谨的逻辑性和较强的分析能力，这也是许多理工类建筑院校的显著特点。与此不同，文科教育则更加注重艺术的表现，强调通过文字和情感表达艺术思想，重视形象思维的培养，这也是很多艺术类院校的特色。尽管这两大教育体系各具优势，但它们各自也存在不足：艺术类院校往往侧重视觉层面的设计，忽视了更深入的艺术体系构建；而理工类建筑院校则缺乏艺术教育的支撑，这种教育模式与环境艺术设计的本质需求之间存在一定脱节。

二、目前环境艺术设计教育中存在的问题

要推动环境艺术设计教育的改革与进步，就要深入了解目前教育中存在的问题。这些问题不仅揭示了教育体制中的不足，还揭示了这些不足对

学生全面发展、创新能力培养及学科整体提升的负面影响。在当前的环境艺术设计教育中，一些问题如课程内容的局限性、实践环节的缺乏等，制约了学生的创造力和实际应用能力，使得学生在毕业后无法充分满足行业需求，从而影响到整个环境艺术设计行业的健康发展。

（一）课程体系不健全

在环境艺术设计教育中，课程体系的构建存在一个突出问题，那就是过度强调艺术性而忽略了与其他学科的有机结合，特别是人文学科、自然科学和工程技术等领域。这种偏重形象思维的教学方式，导致逻辑思维和科学思维的培养被忽视，尤其在一些专业课程中，授课内容更侧重视觉效果和个性化表达。这种教学方法实际上与环境艺术设计的本质目标是相背离的。作为一门综合学科，环境艺术设计融合了工程学、材料学、力学、人文学、经济学、管理学等多个领域，它不仅需要艺术的美感，更需要将艺术、美学与功能性、科学性相结合，展现出独特的系统性和人文关怀。

中国古典园林和西式花园是环境艺术设计的经典例子，分别体现了浓厚的人文主义色彩与严格的科学性。中国古典园林，如北京的颐和园和苏州的留园，强调人文主义的设计理念；而西式花园，如凡尔赛宫则表现出严密的科学性设计。这些园林的设计不仅是艺术创作，更是系统工程的体现。如果现有的环境艺术设计课程体系继续忽视自然科学和人文知识的教育，单纯关注视觉效果和个性化的设计，培养出来的学生就缺乏对系统性和工程化思维的理解。这种教育模式无法培养既具备艺术眼光又具备科学素养的复合型设计人才。因此，构建一个多学科交融的环境艺术设计课程体系势在必行。在社会经济快速发展的背景下，人们对环境艺术设计的要求日益提高，特别是环境艺术设计的智能化、情感化和多样化特征愈加明显，更加注重以人为中心的设计理念。这一趋势反映了现代环境艺术设计的多元性、适时性和前瞻性。为了实现这一目标，环境艺术设计必须与建筑学、经济学、社会学、法律学、心理学等其他学科相融合，构建跨学科的课程体系。这种融合能够拓宽学生的视野，提升他们的创新精神与实验能力。

教育体系应加强跨学科课程的整合，打破学科之间的壁垒，培养学生的综合素质。课程设计不仅要注重艺术的培养，更要加强科学、技术和人文学科的融合，从而培养既具备艺术设计能力又具备科学素养、创新精神的复合型人才。最终，环境艺术设计将不再局限于传统的艺术领域，而是融入现代科学、文化与艺术的广泛交融中，培养更具时代特色的高素质专业人才。

（二）人才质量不高

环境艺术设计是一门综合性极强的学科，科技作为其核心支撑之一，不仅要依托科学理论，还要具备高度的艺术性和美学要求。然而，目前国内的环境艺术设计教育面临着一个尴尬局面，特别是艺术类院校和理工类院校这两类学校之间的教育差异。环境艺术设计的创作过程是严格遵循自然和科学规律的，但其艺术性则要求设计师具备灵活的创造性思维，并对人类本质进行深入的关怀。理工类院校的建筑设计学科更多侧重科学和工程，注重建筑历史与设计理论的研究，形成了一个科学完善的思维体系，强调技术的培养。然而，这种侧重工程技术的教育体系，忽视了艺术性和人文关怀的培养，导致学生的知识结构过于简单，缺乏系统化的理论研究。这使学生在环境艺术设计方面的能力无法得到充分提升，特别是在实际操作中，缺乏创新性与艺术感。如果无法将现代设计思想和科技理论有机结合，环境艺术设计专业的教育就难以取得突破和进步。从包豪斯学派提出的艺术与技术统一理念，到美英设计教育时期强调设计与经济、管理等领域的融合，都为我们提供了宝贵的借鉴。这些历史经验提醒我们，教育体系必须避免单一性，必须在艺术、科技和人文学科之间找到平衡，以培养具备全面素养的环境艺术设计人才，最终推动该学科的长远发展和进步。

（三）教学方法和教学内容问题

在环境艺术设计的教育过程中，教学方法的合理运用至关重要，因为它直接反映了教育理念和制度的执行情况。然而，目前的教育方式和课程内容仍存在许多问题，尤其是在实践与理论结合方面。例如，尽管一些教师尝试使用案例教学法，但分析后发现，他们并未真正贯彻"以实际操作方案为例、以系统化工程化为标准、以工程和人文系统为参考"的教学理念。许多课堂教学中展示的案例都是他人设计的成果，缺乏深入的背景分析、方案思想的形成过程，以及设计背后的理论与实践逻辑。这种教学方式让学生仅仅停留在表面的模仿阶段，无法真正增强他们的独立设计能力和创新意识。

此外，当前的环境艺术设计教育也缺乏对学生逻辑思维、写作能力和科学思维的培养，这使得学生的思维方式过于单一，无法全面解决设计问题。实践技能的缺乏和教育内容与实际社会需求的脱节，也使得毕业生在进入职场后，往往需要花费更多时间适应工作环境。环境艺术设计本身是一门实践性很强的学科，学生的成长离不开社会实践，只有通过实践才能不断完善个人经验，培养更加缜密的思维和实际问题解决能力。只有把理论与实践结合起来，才能使学生从单纯的学习者转变为具有独立思考和创新能力的设计师。

然而，目前许多学校对社会实践课程的重视程度不足，且部分实习单位为了市场需求，往往与教学内容脱节，导致学生对实际项目的整体过程了解不够，进而产生较大的适应困难。这使得学生与社会生产实践之间的差距不断扩大，形成了无法跨越的鸿沟。环境艺术设计教育与社会实践的脱节，是目前教育中的最大问题。为了提高学生的综合能力，学校必须加强教学内容的实践性，并将教育与社会需求更加紧密地结合，促进教育改革，提升教学质量，培养更符合社会发展需求的环境艺术设计人才。

三、教学改革与实践

教学改革与实践的结合，对于环境艺术设计教育至关重要。改革不仅能优化现有的教育模式，提升教学质量，更能有效激发学生的学习兴趣和创新思维。通过对传统教育体系的反思与改进，可以解决现行教学中存在的种种问题，使课程内容与实际需求的连接更加紧密，从而提高学生的学习积极性和参与度。改革后的教育体系可以帮助学生更好地融入社会需求，培养他们的创造力与实际问题解决能力，推动人才的全面发展。此外，实践是理论的最佳验证途径，它不仅能帮助学生将学到的知识应用于实际环境，还能锻炼他们的动手能力和问题解决能力。在环境艺术设计中，实践能力尤为重要，因为设计不仅是理论上的推演，更是与现实需求密切相关的创造性工作。通过实践，学生可以对所学知识进行深刻的理解和再加工，培养独立思考和创新的能力。因此，教学改革与实践的结合，构成了推动教育改革和提升人才质量的基础，是培养具有高素质、创新能力和实践能力设计人才的关键。

（一）提高对专业认知的教学实践

针对环境艺术设计在社会各界、教师和学生中的长期误解，我校结合自身特色，依托一系列课程设计，帮助广大师生深入理解这一学科的核心理念与实践意义。通过"设计原理""中外建筑史""艺术设计文化""设计应用数学"等课程的教学，学生能够深入了解环境艺术设计的本质特征，认识到该专业的跨学科特性，并明确自己在未来职业生涯中所需掌握的知识和应具备的素质。

同时，在一些基础课程，如形式观察与表现、素描、色彩和图形创意课程中，我们不仅注重学生创作技巧的训练，更重视对设计理念、设计目标及设计行为的深刻理解。这种以理论为基础的实践教学方法，能够有效提升学生对环境艺术设计的认识，纠正他们可能存在的偏见，激发他们更强的学习动力和更高的学习目标。最终，通过这种全面且系统的教学改革，学生的整体素质和专业能力都得到了大幅提升，学校的教学质量也得到了显著改善。

（二）教学体系的构建

我国环境艺术设计教学体系的构建，是当前教育改革中的一个迫切问题。在设计这一教学体系时，学校需要综合考虑其所在地区的经济发展、文化特色和生源条件等多方面因素。例如，云南作为一个多民族聚集的地区，其地域广阔、文化多元且资源丰富，云南财经大学的环境艺术设计专业的大多数毕业生来自云南各民族。因此，课程设计必须考虑到云南的自然环境、民族文化、建筑形态等因素，将这些地方特色融入课程内容，确保教学的地域性和文化多样性，进而增强学生对环境艺术设计的实践能力和创新思维。同时，环境艺术设计的教学制度建设应与时俱进，融入现代化、科学化、信息化、创造性等要素。教学体系需要将艺术与科技、人文传统与市场需求相结合，确保教育内容的现代性和适应性。特别是，学校要关注教学制度与市场环境的紧密对接，将课程内容与行业需求和发展趋势相结合，提升学生的竞争力和行业适应性。为此，构建一个以设计过程为核心的工作室教育模式，是推动环境艺术设计教育发展的关键。

（三）提高学生综合素养的教学实践

在环境艺术设计的教学过程中，培养高素质的设计人才至关重要，而这一目标的实现，核心在于学生素质的全面发展。学生的素质教育涉及多个方面，包括道德、心理以及文化品质等基础素质，这些因素为学生未来的成长和成才奠定了坚实基础。此外，观察力、想象力、记忆力、思维能力、总结归纳能力、表达能力、知识综合运用能力、创新能力，以及接受新思想、新事物的能力，都是学生承担设计任务并走向社会的重要保障。这些能力的培养对学生的未来至关重要，它们直接影响着学生能否在社会中承担起相应的责任和挑战。与此同时，教师在教学过程中要具备良好的表达能力，通过多种方式，如课堂讲授、分析计划的优缺点、评述学生作品等，帮助学生提升综合素质。

（四）教学的改革与实践

在环境艺术设计专业的教学中，实践教学至关重要，主要可以分为两个方面：一方面是教授使用各种辅助设计工具，另一方面是进行实际的实践操作。针对辅助设计工具的教学，我们摒弃了传统的以软件操作为主的教学方式，转而采用通过完成实际设计项目的方式帮助学生掌握工具的使用方法。这种方法的优势显而易见：它设定了明确的目标，避免了单纯以工具操作为中心的盲目学习，极大地激发了学生的学习兴趣，并且在设计理念、工具掌握等多个方面促进了学生的全面发展。在实际的训练过程中，我们也采用了以项目为核心的教学模式，将理论与实践紧密结合，取得了显著的教学效果。对于开设环境艺术设计专业的高等院校来说，重要的是要充分利用艺术与理工学科之间的交叉和融合，推动教学资源的共享。此外，学校还需要依托自身的学科优势，塑造独特的教学特色，帮助学生在掌握基本设计理论和专业知识的基础上，注重其他学科的融合与联系，鼓励学生通过亲身参与社会实践，对所学课程有更加全面的理解与掌握。与此同时，我们需要关注环境艺术设计课程的"民族化"特征。随着设计行业的不断发展，环境艺术设计领域的人才需求越发迫切，因此培养高素质的环境艺术设计人才尤为重要。在国家政策的支持和推动下，环境艺术设计教育必将迎来更加繁荣的发展，我们国家设计人才的数量和质量也将不断提高。

第三章　环境艺术设计教学实践的现状及问题

　　深入剖析环境艺术设计教学中存在的具体问题与不足，不仅能帮助我们明确改进的重点和目标，还能为未来的教学改革指明方向。通过优化课程结构与教学方法，提升教育质量和学习效果，我们能够培养更多具备扎实实践能力与创新思维的设计人才，从而更好地满足社会对高水平环境艺术设计的需求。同时，透彻了解当前教育状况及存在的挑战，有助于我们更合理地分配和利用教育资源，提升教育投入的整体效益。

第一节　环境艺术设计专业的人才现状及需求

　　了解环境艺术设计专业的人才现状及需求，有助于我们明确当前人才市场的供需关系，预测未来行业发展趋势，从而调整教育培养计划，培养更符合市场需求的专业人才。同时，这能为求职者提供明确的职业规划方向，提高就业竞争力。

一、专业培养目标

　　环境艺术设计学科具有显著的综合性，涉及建筑空间的内外部设计及总体规划，旨在为公众创造既具有视觉美学价值，又能提供舒适生活体验的环境空间。在专业学习初期，学生应建立这样的认知：环境艺术设计不仅依赖美学和哲学的理论基础，还需广泛涉猎其他相关学科的知识。首先，学生必须全面了解本专业的核心内容，并通过学习美学、哲学、社会学等人文学科，持续提高文化素养，培养审美意识，从而形成一种科学的审美观。其次，环境设计关系到人类生存空间的改善，涉及城市可持续发展、民族文化特色、生态环境保护等多方面因素。因此，环境艺术设计专业的培养目标是培养具有高素质、跨学科能力的复合型人才。在学习过程中，学生应统筹可持续发展理念，结合专业知识与人类生活需求，具备观察和分析社会现象的能力，找到平衡生活需求和环境设计的最佳方案。最后，鉴于环境设计与可持续发展的紧密联系，学生不仅要掌握课程的基础知识，还要深入学习城市规划、公共设施设计、景观园林设计等理论，提升跨学科的设计技能，以设计出艺术性与功能性兼具的综合性环境项目。在实践阶段，学生要具备对造型创新与设计表达的深刻理解，熟练掌握环境设计的理论基础、制图技能和相关设计技术，考虑到材质、色彩等因素，采用创新的设计方法，将理性与感性有效结合，实现理论和实践的深度融合，从而能参与大型环境设计工程的实施。环境艺术设计学科的内容涵盖了建筑设计、城市规划等多个领域，涉及绘画、雕塑、心理学、植物学、人体工程学、装饰材料、灯光照明、生态学等多个学科。尽管不同高校在学科设置上有所侧重，但其最终目标是培养学生灵活所学知识运用，解决设计中遇到的实际问题，为推动社会现代化建设提供人才支持。

二、环境艺术设计人才现状及需求

（一）环境艺术设计缺乏职业化人才

根据2021年的统计数据，中国设计行业总人数约为1700万，其中，环境艺术设计师约占总人数的20%，即大约340万人。然而，即使是在上海、深圳、广州等一线城市，设计师的短缺现象依然显著。这也意味着，其他大城市对设计人才的需求难以满足。尽管我国的环境艺术设计教育已经发展了20多年，并培养了数十万名专业毕业生，但在实际工作中，能够真正胜任环境艺术设计工作的专业人士并不多，具备高水平技能的设计师更是屈指可数。这一问题主要是由社会就业观念造成的。设计艺术市场对专业设计方向的关注度较低，设计行业的就业环境不够理想，致使设计人员缺乏足够的专业支持，无法在这一领域取得长远发展。

（二）环境艺术设计水平不高

我国的环境艺术设计教育目前仍面临不均衡局面，导致不同院校之间的培养水平差异较大。教师队伍的结构不合理，教学资源的匮乏，直接影响了整体教育质量。与此同时，当前教育体系对设计市场、前沿技术及新兴教育理念的关注度较低，未能及时将这些内容与可持续发展的理念结合起来。这使得学生的视野较为狭窄，设计意识显得十分薄弱，设计方法过于陈旧，难以在艺术和技术的融合上达到理想效果。由于缺乏创新思维，设计大多停留在照搬照套的层面，项目的设计结果缺乏个性与深度，无法满足市场的实际需求。

（三）环境艺术设计人才的素养良莠不齐

环境艺术设计不仅是动手能力的体现，更需要将思想与技巧结合在一起。设计师除了要掌握设计方法和技巧，还应注重自身文化和艺术素养的提升。然而，鉴于我国艺术教育的普及程度较低，艺术通识教育体系也不完善，许多环境艺术设计师的专业素质较为薄弱。这就导致我们设计的许多作品不仅缺乏审美价值，而且在实际应用中难以发挥应有的作用，往往仅仅成为没有实用意义的装饰品，失去了应有的艺术性。尽管在城市环境建设中有时会引用国外的优秀设计理念，但这些设计往往没有与当地的社会环境和文化特色融合。它们只是被生硬地移植过来，缺乏文化背景的支持和地方特色的体现，从而导致设计失去了人文内涵，不能充分发挥其应有的价值。

（四）环境艺术设计作品缺乏时代精神与文化精神

现代环境艺术设计的单一化趋势，导致许多缺乏深刻意义的设计被随意放置在不同场所。而现代主义设计理念，往往成为这种单一性设计的借口，错失了真正具有灵魂和内涵的可能。环境艺术设计与我们的日常生活和居住质量紧密相连，若设计未能结合国情、时代背景及社会文化特征，那么这样的设计无法真正体现"以人为本"原则，甚至会对环境产生负面效应，成为一种障碍。设计不仅是一个技术性或审美问题，它还应与其所处的时代、社会背景和文化紧密交织，承载着时代的精神。

不同的时代赋予环境和空间不同的面貌，城市的发展本质上是历史传统的延续和升华。艺术设计并非独立存在，而是必须在时间和空间的维度内与文化及社会背景相互作用。文化和艺术之间是相互映照的，只有通过在不同的文化和历史时期中不断碰撞与融合，才能赋予设计和艺术持续的生命力。中国有着五千多年深厚的文化底蕴，这为环境设计提供了丰富的文化资源。环境设计作为与人类生活空间息息相关的重要领域，其主要任务之一便是在设计中传承和发扬优秀传统文化。因此，环境设计必须立足于传统与国家文化，以此为基础，符合城市的精神气质和人文需求，从而将物理空间与精神空间相融合，创造出真正符合人类需求的居住环境。

第二节 环境艺术设计专业存在的教学困境

明确环境艺术设计专业存在的教学困境，是提升教学质量和促进学生发展的关键。目前，环境艺术设计专业存在的问题限制了学生创新能力和实践能力的培养，影响了教学效果。因此，我们必须正视这些困境，采取有效措施加以解决，以推动环境艺术设计专业教育的持续健康发展，培养更多符合市场需求的高素质人才。

一、课程体系没有特色，缺乏可持续优化

目前，环境艺术设计专业的教育体系并没有统一的课程标准，除了室内设计和景观设计等核心课程，很多高等院校在设立环境艺术设计课程时，通常依据学校的办学特色和教师的专业背景来安排课程设置。这导致了课程内容的质量参差不齐，许多专业教师对教授的内容掌握不够深入，甚至只是一知半解。环境设计与社会、时代发展息息相关，它不仅要跟随市场需求的变化，还要适应生态、技术及生活方式的不断演进。然而，当前的环境艺术设计课程内容相对陈旧，缺乏对新技术、新材料的关注和应

用，这使得学生在学习过程中无法及时跟进技术进步，导致课程内容与市场需求脱节。由于课程未能有效考虑设计的市场性、功能性和时代性，最终的教育效果和课程质量很难与社会发展及行业需求相匹配。与此同时，环境设计的教育不应局限于国内视野，而应学习和吸取其他国家的优秀设计经验。不同国家的社会、政治、经济和文化背景各不相同，这使得它们的设计教育方式和路径也各有特色。

二、基础教学彼此分离，难以支撑专业深化

在环境艺术设计专业的教学体系中，基础课程与专业课程的整合存在明显问题，课程看似并行，但实际上各自独立，缺乏有机的衔接。这种"各自为政"的状态导致了基础课程之间、基础课程与专业课程之间的联系薄弱。在环境艺术设计这一学科中，基础课程需要为多个专业提供支撑，要求具备更高层次的"大基础"平台。然而，许多大学的基础课程依然沿用传统教学模式，教学大纲和计划过于注重单一学科，缺乏与其他基础课程和后续专业课程的有效沟通及衔接。这导致基础课程与专业课程之间形成了脱节，不能为学生后续的专业深化提供充分基础支持，也无法满足学科知识串联的需求。

传统的"造型"与"设计"基础课程之间的脱节，正是设计教育中普遍存在的问题。在传统教学中，"造型"基础课程以素描、色彩和速写为主，目的是培养学生的绘画技能和观察能力。对于环境艺术设计专业来说，"造型"基础课程通常设置在大学的第一学年，作为传统绘画学习到专业设计学习的过渡阶段。但在许多设计专业中，"造型"基础课程仍然沿用传统艺术类课程的教学模式，尽管能够提高学生的绘画能力，却与环境设计的实际需求不匹配，导致课程内容过于简化，教学目标模糊，无法为学生提供实际的设计能力训练。

因此，环境艺术设计专业需要打破传统基础课程的局限，进行课程整合和优化。基础课程不仅要关注绘画和技巧的训练，更要融入设计理念和环境

艺术设计的实际应用。各专业教师之间应加强沟通与合作，深入了解环境艺术设计的学科特点，依据这些特点对课程内容进行有针对性的设计。

三、设计思维的培养欠缺，培养目的不清晰

在评估一名设计师的能力时，创造性思维和逻辑思维通常被视为最重要的标准。然而，目前我国的环境艺术设计教育体系仍然处于不完善状态，缺乏一个系统性和全面性的理论学习框架。在大多数高校的教学中，课程内容多侧重培养学生的实用技能，如计算机绘图和工程操作等，重视技术应用能力的训练，而在拓展设计思维、提升设计方法等方面的教学投入则相对较少。例如，设计方法学、市场调研、建筑思考等课程，在许多院校中极为稀缺，学生很难在这些领域获得指导与启发。即便有些学校设有相关课程，也往往缺乏足够的教学资源和关注，教师对这些课程的投入和重视程度不够，学生的学习兴趣和参与度也较低，最终导致学生的设计作品缺乏深层次的创意和思维，难以有效地传达出整体设计理念。目前，学生在创作过程中缺乏足够的创新性，使他们的作品难以在艺术性和技术性上取得较高成就。这是因为大部分课程过于关注形式训练，忽视了专业性创新理念的培养，致使学生在设计过程中缺乏足够的创造性思维。更严重的是，许多课程并未注重对逻辑思维的锻炼，未能有效引导学生理解艺术理念在实际工作中的重要性。环境艺术设计作为一门结合了科技、逻辑推理和艺术表现的学科，对设计思维的培养至关重要。然而，现有教育体系未能明确将学生培养成具有综合设计能力的设计师，反而更注重技术性训练，使得学生在实际创作过程中无法突破思维的局限，缺乏创新意识，无法实现环境艺术设计的深刻表达。

四、文化综合素养缺失

从设计作品的视角来看，一件优秀的设计作品不仅要满足人们的基本

生活需求，更要具备鲜明的艺术美感和深厚的文化精神。环境艺术设计作为对人类生活和发展的全面规划，必须深刻考虑到设计对象的文化和地理背景。因此，设计师在创作时必须因地制宜、以人为本，并且具备扎实的人文素养。遗憾的是，许多高校在环境艺术设计教育中未能建立起健全的教育体系，学生在基础教育阶段未能得到足够的文化素质培养，导致他们在后期的设计方案创作及实际工作中，往往缺乏设计品位和文化内涵。这不仅使得学生的作品难以达到应有艺术高度，也限制了他们未来职业发展的潜力。因此，在环境艺术设计教育中，美学、哲学、文化历史、生态学等课程内容的融入至关重要。这些课程能够帮助学生从多个维度理解设计，并通过跨学科的学习，培养他们的文化敏感性和创意思维。更重要的是，学生在实际培训过程中，应深入了解所处地区的历史背景和人文特色，进行充分的调研，结合物质和精神两个层面，全面理解和感知环境的独特价值。

五、教学实践缺乏职业化指导

随着人们对生活美学和文化的追求不断加深，生活环境的要求日益提高。环境艺术设计作为一个不断发展的领域，其客户需求和市场动态也在持续变化。与此同时，现代社会对艺术鉴赏水平的提升，以及对艺术人才的能力要求在不断增长，这为环境艺术设计教育带来了新的挑战。从市场需求的角度来看，设计行业对专业人才的需求显著增加，而环境设计的领域也变得更加复杂和广泛，因此设计人才在专业素养和实践能力上的要求也越来越高。

然而，当前我国环境艺术设计教育在许多方面已经难以满足社会对专业人才的职业要求，并且出现了职业认同感逐渐下降的现象。问题的根源在于，部分高校的环境艺术设计教育体系存在显著的专业知识滞后，教学计划和内容未能及时跟上市场发展的步伐，这导致环境艺术设计教育与设计市场之间的矛盾越来越多。项目培训与现实工程的脱节，使得学生缺乏实际应用技能，适应性较弱。如果学生无法有效解决设计中的实际问题，那么设计师与市场的脱节将导致无法满足社会需求，最终影响设计行业的发展。

因此，大学教育应致力于帮助学生更好地适应社会需求，确保他们在毕业后能够顺利融入职场。环境艺术设计教学也应紧跟市场需求，将专业教育与市场需求有机结合，注重学生在理论和实践操作两个方面的全面发展。只有这样，才能为社会培养更多合格的设计人才，推动教育质量的提升，并进一步促进环境艺术设计行业的发展。

第三节　环境艺术设计专业教学的现有模式

环境艺术设计是一门综合性很强的学科，在我国的高等教育中，许多院校将室内设计和景观设计作为环境艺术设计专业的两大核心方向，围绕这两个方向展开课程教学。然而，由于每所高校的教学理念和发展侧重点有所不同，它们在教学模式和课程设置上也存在较大差异。这种差异使得不同院校的环境艺术设计教育展现出不同特色，同时反映出不同教学体系在理论与实践、内容深度与广度方面的优劣。

一、环境艺术设计专业教学的现有模式

了解并掌握当前环境艺术设计教学模式，对于教育工作者优化教学内容和提升教学质量具有重要意义。通过分析现有模式，教师能够准确识别出教学中的优势和不足，并有针对性地进行调整与改进，从而促进教育的创新与进步。同时，这种理解有助于教师深入把握学生的学习需求，制定更符合实际需求的教学计划，进而激发学生的学习兴趣和创新思维。因此，全面掌握当前环境艺术设计专业的教学模式，是提升该学科教学水平和培养更高质量设计人才的关键。

（一）以室内设计为主要方向的专业模式

在中国的许多高等院校中，环境艺术设计专业多以室内设计为核心进

行教学，尤其在综合性院校中，这一模式尤为常见。此类教学模式的课程设置大多集中在满足室内设计需求的领域，课程内容通常包括家庭空间设计和公共空间设计。具体课程内容包括建筑基础、家具设计、照明设计、人体工程学、装饰材料、装修工程及设计表达等，这些课程都与室内设计直接相关。而景观设计和公共设施设计等课程，通常作为辅助课程或选修课存在。在这种教学模式下，室内设计的专业课程及与之相关的制图、软件类课程占据了教学的主导地位，课程注重培养学生的实践操作能力，目的是提升学生的动手设计能力。

然而，虽然这一模式看似具有完善的课程安排和教学体系，但实际上它对环境艺术设计的定义和范畴过于局限。它过于强调动手技能的训练，而忽视了设计创意和创造性思维的培养。在这一模式下，学生的学习内容更侧重如何操作和实现设计，而忽略了如何构思和创新设计。因此，这种教育方式实际上更多是在训练"制图工匠"，而非培养真正的设计师。与此同时，建筑学的基本知识在这种模式中未能得到足够重视，通常只在欣赏和理论课程中略有涉及，缺乏实际应用的教学内容。建筑学作为室内设计和景观设计的基础学科，其对空间关系的理解和运用对设计至关重要。如果学生忽视建筑学的基础知识，就会导致他们在空间设计时缺乏必要的立体思维，无法有效理解和运用空间结构。在实际设计中，学生可能会遇到许多实际问题，如空间利用不充分、空间关系不协调、楼梯设计不合理、承重结构不了解等，这些问题往往会制约学生设计能力的提升和表现。

（二）多专业方向发展的专业模式

目前，环境艺术设计专业在许多艺术院校中广泛实施多专业发展模式，尤其是在一些综合性高校中，通识教育的作用被进一步强化，为学生奠定了坚实的知识基础。这种模式帮助学生拓宽了自己的专业视野，进而促使他们对专业知识有了更加深刻的理解。通过这个过程，学生可以逐步从宽广的知识面向专业的精细化过渡，进一步明确自己未来的职业方向。随着知识结构的完善，学生将能在多个专业方向中做出更精准的选择，进而提升自己的专业能力和市场竞争力。

1. 平衡类

在一些综合性高校中，平衡类模式已经成为环境艺术设计专业的主流教学方式。平衡类模式通过强调环境艺术设计专业的广泛性，涉及多个学科领域的综合研究，尤其是以室内设计和景观设计为核心学科，进一步将其延伸至周围的空间设计领域，从而构建一个强有力的学科支持体系。在这一过程中，学生不仅能深入强化核心学科的专业知识，还能全面考量与其相关的次核心学科内容，如照明设计、展览展示设计、家具设计、城市规划等。通过这种拓展，学生的专业视野和就业方向也得到了多元化发展。

平衡类模式的优势体现在其基础教育阶段，尤其是在大一和大二期间，主要通过技能性课程和边缘学科课程为学生的专业学习打下基础。这些课程不仅为未来的专业学习提供了理论和技术支撑，还帮助学生对环境设计的核心概念有了更全面认识。与此同时，平衡类模式的不足之处在于，尽管它能够培养高素质的综合型人才，但在课程的设置和教学设计方面面临着挑战。尤其是如何平衡课程的广度与深度，避免内容泛滥和缺乏专精，是一个需要特别注意的问题。另一个不容忽视的问题是，平衡类模式下的次核心学科，往往呈现出多而不精的特点，这在一定程度上影响了学科的深度和专业化发展。而基础薄弱的问题，也让这一教学模式面临一定的制约。

2. 专业类

在众多艺术院校及部分综合性高校的建筑学院，环境艺术设计专业普遍采用专业类教育模式，这种模式的学制通常为三年，重点培养学生的设计思维和设计方法，相较于其他模式，专业类教育模式更强调设计创意的开发。以建筑学为核心，专业类教育通过工作室系统的教学方式，帮助学生提升学习能力并强化实践经验。课程内容被分为"综合基本功"和"专业拓展"两大板块，其中，建筑学基本知识被作为衔接环境设计其他相关知识的载体，通过跨学科的整合和交叉，加强了不同专业之间的互动和协作。在专业培养方面，环境艺术设计中的室内设计、景观设计和建筑设计会被独立开设并进行有针对性的专业培训，学生通过此类专门化的训练，不仅增强了自己的专业技能，也提高了实际操作能力。

专业类教育模式以建筑学为基础，旨在培养具有扎实专业基础和高度审美能力的设计人才。在基础教育阶段，建筑学知识成为核心要素。通过这一模式，学生能够在设计技能的培养上获得全面提升，同时加强审美素质和专业素养，为未来的职业生涯打下坚实基础。

二、环境艺术设计教学新模型的意义和定位

环境艺术设计教学新模型的核心意义在于紧跟时代潮流及市场需求，以此来提升教学质量并培养学生的创新能力。这一教学模型的定位，旨在融合传统艺术设计理念与现代环境艺术设计的核心内容，并进一步引入西方的环境艺术设计理念，以帮助学生发展多元化和立体化的艺术思维方式。在教学过程中，通过构建更加系统化和模块化的课程体系，能够让教学结构更清晰、更有条理，并逐步建立起一个灵活而动态的教学控制体系。这种教学方式不仅能优化教学效果，更能充分发挥环境艺术设计教育的潜力，培养一批具备扎实专业技能和强大创新能力的优秀环境艺术设计人才，为社会各行各业输送更多的高素质设计专业人才。

（一）环境艺术设计教学新模型的意义

与其他设计学科相同，环境艺术设计的定位、方向、特点、优势、瓶颈、盲区、作为和理由，都是必须根据时代发展而不断定义、不断调整、不断梳理、不断寻求、不断思索的问题[①]。环境艺术设计是一门与时代同步发展的学科，从过去数十年学科教育和社会发展的角度来看，我们可以得出这样一个结论："稳定只是一个相对的概念，而改变是永远的。"[②]构建一种稳定而灵活的动态专业教学模型，旨在为当前不完善、不成体系的专业教学提供有益借鉴和示范。这一模型还将促使建立一个健全的专业评估系统，通过控制论视角对市场需求与教育效果进行实时反馈，从而为高素

①刘禹君，边宇浩. 多维度视角下公共空间环境艺术设计［J］. 美与时代（城市版），2024（3）：77-79.
②陈旭. 新技术在环境艺术设计中的应用分析［J］. 玩具世界，2024（6）：169-171.

质专门人才的培养提供保障，确保教育能够与市场需求紧密对接。

从目前环境艺术设计课程的实际情况来看，相同课程在不同学科背景下呈现出明显的差异。作为一门高度应用的学科，环境艺术设计具有明确的市场导向，而这一市场导向的本质特征不会因为不同高校或学科的差异而发生本质改变。因此，如何解决当前环境艺术设计教育体系中的差异性问题，如何从教育系统内部入手进行深度调查，进而设计出更加科学合理的教学模式和控制体系，是本书研究的关键。

在当前环境艺术设计课程的教学过程中，所遇到的问题并非简单的学术探讨，而是迫切需要解决的现实挑战。这些问题的解决不仅关乎学科本身的发展，也是推动环境艺术设计专业发展的历史必然。从微观层面来看，这一新教学模式能为专业教学的规范化提供特定借鉴，使课程设置和专业结构配置更加合理化，有效降低资源浪费，节约教育成本，从而培养更多适应时代需求，具备创新精神的环境艺术设计人才。

从宏观角度出发，以模块化理论为基础的动力学教学模式为环境艺术设计专业提供了新的思考框架和方法论。在这种理论引导下建立的新教学模式，不仅为环境艺术设计教学提供了切实可行的方案，也为其他类似学科的教学改革提供了方法论上的启示。

（二）环境艺术设计教学新模型的定位

新型的环境艺术设计教育模式应具有高度的开放性与动态性，并且展现出强大的适应能力和灵活性。这一模式要求不断从世界各国的新技术、新方法、新材料和新文化中汲取营养，从而推动本国设计文化的繁荣与发展。

与此同时，环境艺术设计教育不仅要关注中外传统文化的融合，还要关注中国传统文化的创新与传承。随着中国经济的不断发展和国际地位的提升，国人开始重新审视自己的历史与文化，并通过自身独特的文化视角表达对世界的理解与看法。这一转型的关键在于中国文化的自我觉醒，在新时期，"中而新"的设计理念应运而生，成为具有中国地方特色的设计艺术形式。

环境艺术设计中的"传统出新"理念，是指在现代性框架下对"传统"的再理解。这并非传统与现代的对立，而是从现代的角度看待传统文化如何在当代社会中发挥作用。这种理念的时代性体现在以下几个方面。

（1）民族特色：每个人都有责任保护和传承本国的文化。

（2）不拘形式：通过吸收外来文化元素并加以消化，使自身文化得到丰富与发展。

（3）批判性思维：对社会历史与文化进行反思，通过批判性探索推动设计艺术的变革。

（4）文化相容性：在与异质文化的碰撞和融合中，创造具有中国特色的新型设计文化。

（5）多元文化：从传统的"中心化话语"向更加多元、无中心的模式转变，体现全球文化的交融与开放性。

20世纪末期，中国美术家协会副主席潘公凯提出："与纯粹的艺术教育不同，我们的设计根本不是一个思想问题，也不是一个人的个性，而是更多地关注普遍性和世界性。"①因此，笔者构建的这种专业课教学模式，就是针对专业课现状而提出的一个可供参考的专业课教学模式。之前，笔者曾在文章中着重指出，模式具有动态性和开放性，其基本要素、技术性要素，相对稳定；我们可以用一种发展的眼光，一种动态的、灵活的、个性化的眼光看待它，从而确定其状况，这也给予了参照用户足够的回旋余地和发展个性化的空间。作为一门跨学科的交叉学科，环境艺术设计涉及的领域非常广泛。这就要求我们在构建学科的模块时，采取多元化的方式，有较大的覆盖面；具有较广的专业知识，较多地观察事物，擅长从宏观的角度来理解某些现象，具有较强的创造力。从对园艺专业毕业生的调查数据可以看出这一点。

（三）建立环境艺术设计教学新模型的方法论运用

针对当前环境艺术设计教育面临的难题，笔者尝试借助系统工程、模块化原理，以及辩证法、整体主义和简化主义等多种方法，构建一个全新

---

①陈华钢. 绿色设计理念在现代环境艺术设计中的运用研析［J］. 鞋类工艺与设计，2023，3（6）：73-75.

的教育模式。系统工程广泛应用于大系统的各个层面，如人类社会、生态环境、自然现象和组织管理等领域，旨在通过优化规划和管理实现系统的最佳运行。其基本理念是将一个复杂的系统视为一个整体，按照既定目标进行设计、开发和管理，从而达到系统的最佳效果。

环境艺术设计教育也可以被视为一项复杂的系统工程，涉及多个层面的相互关系，包括教学环节的前后因果关系、课程模块之间的逻辑联系、专业教育与工程实践的协调性，以及学科之间的交叉互动等。这些因素共同构成了一个庞大且复杂的教育体系。因此，笔者提倡将环境艺术设计教育提升到系统工程的高度，从而在理论层面为教育模式的创新与发展奠定基础。

三、环境艺术设计教学模块化新模型探索

环境艺术设计教学模块化新模型探索的必要性在于，传统教学方式往往过于注重理论知识的传授，而忽视了学生实践能力的培养。模块化教学模型可以将整个教学过程分为若干个相对独立的模块，每个模块都有明确的学习目标和评估标准，更好地满足市场多元化的人才需求。

在具体的教学模式设计中，笔者引入了"模块化"原理。模块化是指将每个教学单元视为独立的模块，每个模块在自我控制的基础上与其他模块相互连接，形成一个更加复杂的系统结构。模块具有一定的独立性，可以根据教育需求灵活调整，但又与其他模块保持协调和联系，共同服务于整体教学目标。

基于"模块化"原理，笔者提出了"半自律性"的教育模式。在这种模式下，各个教学模块具有较高的自主性，但同时受制于整个教育体系的"规则"。这使得模块之间既能独立运行，又能在规则的指引下紧密配合。为了实现更高效的教育体系，笔者提出了"模块拆分"和"模块集中"两种策略。通过这两种策略，可以在教学过程中灵活应对不同的需求，最终实现系统的整体化与一体化。因此，模块化设计不仅使得教育体系更加灵活，也能够应对日益复杂的教学任务，实现更加个性化和高效的教育目标。

在环境艺术设计教育的结构中，"教学模块"是指那些可以独立操作的教育单元，它们具备灵活性和可调节性，可以根据不同的教育需求进行自由组合、拆解、替换、重复或更换。这些模块使得教育体系具有高度的适应性和动态性，能够根据学生的需求和市场的发展进行及时调整。具体来说，教学模块的操作方式包括以下几种。

（1）将教学模块分开：在教学设计过程中，可以将一个较大的模块拆分成若干小模块，针对不同的知识点或技能进行单独教学。

（2）替换旧模块：随着学科知识的更新和进步，可以用新的教学模块替换掉旧模块，确保教学内容始终紧跟时代步伐。

（3）省略某些模块：在某些特定的教育场景中，部分教学模块可能不再适用，可以省略掉某些模块，以简化教学过程，提高效率。

（4）添加新的模块：随着技术发展和学科演变，新的教育需求不断涌现，可以在原有框架中添加新的模块，拓展教育内容和深度。

（5）整合共性元素：对多个模块进行分析，找出它们的共性元素，将这些元素进行整合，形成一个新的模块层次，从而优化教学结构。

（6）为教学模块创造"外壳"：在教学设计中，可以为每个模块设计一个独立的"外壳"，使得这些模块即使不在最初的教育体系中，也能够保持其独立性并继续运作。

在"体系工程"和"整体论"这两种宏观方法的基础上，我们引入了"模块论"和"还原论"这两种微观层面的应用方法。这种从整体到细节的思路，为我们构建新的环境艺术设计教育模式提供了明确的方向和深刻的理论依据。

（一）环境艺术设计专业模块化教学模型结构

模块化理论为教学设计提供了一个结构化且系统化的思路，特别是在环境艺术设计领域。通过将整个教学体系分解成多个层级与模块，可以逐步深化与细化教学内容，确保每一部分都能适应时代发展和学生需求。通过对国内外环境艺术设计教学模式的对比与分析，结合各大高校的教学实践，得出一个结论：现代环境艺术设计教育应更加注重全局观念的培养，即不仅要树立建筑设计、景观设计和室内设计等多个领域的全局观,还要引导学生从生态美学的角度思考问题,培养具备创新能力的"开创型、会通型、使用型"复合型人才,这样的教育模式符合21世纪可持续发展的需求。

在此基础上,结合环境艺术设计专业的特点,提出了分段式本科教育模式的科学依据。通过与大学的联合教育,分阶段培养学生的基本技能,不仅有助于学生的实践锻炼,还能提升他们的综合控制能力。此外,强调跨学科、多技能和全视界的素质教育,能够帮助学生建立扎实的专业基础,培养开阔的思维视野,同时提升艺术素养和设计能力,为未来的设计工作打下坚实基础。

本科教育模式的优化始终是高等教育领域的重要话题。结合20多年的学术与实践经验,尤其是在环境艺术设计领域的深入研究,笔者提出了以"模块化"理论为核心的教学改革方案。通过系统工程学、"模块化"理论及"整体论""还原论"等方法,将环境艺术设计专业的教学体系进行模块化划分。这一方法从根本上提升了教学的灵活性和适应性,能够根据不断变化的教育需求进行优化与调整。具体来说,教学系统被划分为七个大模块,并且每个大模块下包含若干子模块。这些子模块可根据实际需要进行增删与更新,保持教育体系的动态发展。通过分析各子模块之间的逻辑关系,进一步优化各学年课程的安排,实现课程内容的拆解、更新与重组,确保每一层次的教学都紧密结合学生的学习进度和专业发展需要。

在对模块进行不断拆解、更新、增减、归纳和构建一个模块"外壳"的过程中,使模块自身的内涵与模块内各个子模块和模块间的联系不断地改变,从而形成不断改变的教育模式,并对教育管理系统的内容进行相应调整。因此,我们可以说,随着教学模块的拆解、更新、增减、归纳,为模块创建一个全新的"外壳",专业教学模式就会表现为一个动态开放的教学模式系统。本书讨论的学科教育模式及课程管理系统,是一种动态的、开放的模式及系统。稳是暂时的,相对的;而变是永久的,绝对的。

教育模块和计算机模块是两个概念。在这种情况下,一个教育模块中的子模块,是以相似的性质来划分从属关系的,这样可以方便地从宏观上掌握。然而，一个教学子模块并非一定都会被固定在一个时空段，而是会根据课程模块的性质、特点、功能，将子模块中的更小模块，按照教学的推论关系，分散在不同的时空段来应用。

教学模块及教学模式组成了环境艺术设计教学的且在持续地进行着代谢的知识系统。从中国美术学院和全国各高校的实践来看，在4~5年的时间里，我们需要对教学模块和模型进行相应的修改，以适应环境艺术设计专业的发展，包括专业的知识、技术的进步、方法的进步。

（二）环境艺术设计专业教学模块式五项核心内容

环境艺术设计专业模块式教育模式结构图，也就是新的教育模式，其核心内容是建立在五个基础上的。

1. 五年制教育模式

在环境艺术设计专业中，五年制教育模式被认为是一种比较合适的选择。这一专业的课程内容广泛且多元，涵盖了设计基础、建筑设计、室内设计、景观设计、设计历史与理论、计算机应用等多个学科领域，每个领域都需要耗费相当的时间和精力来掌握。同时，环境艺术设计是一门具备高度实践性的学科，学生必须通过大量的实践操作提高技能。然而，目前几乎所有学校都面临着学生无法获得充足实践时间的困境，这种局面导致学生所学的理论知识和实际操作之间出现了较大脱节，影响了他们对专业的深入理解，也使后续课程的学习变得更加困难。因此，许多学生在进入职场后，不得不花费大量时间进行再培训，以弥补实践经验的不足。基于此，五年制教育模式尤为重要。它不仅能为学生提供更长的学习周期，也能让他们有足够的时间进行专业实践，深化对专业知识的理解，提高实际操作能力。这种模式的优势早在20世纪50年代便得到了验证，中央工艺美术学院（现清华大学美术学院）在创立室内装潢专业时，就采用了五年制教育模式，取得了显著效果。此外，当前我国大多数建筑设计专业也普遍采用五年制教育模式，这一模式无疑为学生的全面发展提供了更加充足的时间和空间，确保他们能够更好地适应未来的职业需求。由此可见，五年制教育模式在环境艺术设计领域的应用，能够有效弥补实践性教育的不足，为学生的成长和职业发展奠定更坚实的基础。

2. 四段式教育模式

根据国内外环境艺术设计专业的教育模式及当前国内教育和实践的实际情况，提出了四段式教育模式，旨在更好地适应该专业的多元化需求和学生的全面发展。

第一阶段：基础教学模块（第一个学年）。

在基础阶段，很多院校往往将不同设计系的学生集中在一个课程里，强调共性而忽视个性。然而，像清华大学美术学院基础部的教学，经过多年的发展，已经逐步形成了一个特点鲜明的模式：在注重共性课程的同时，保留专业特性。具体来说，基础教学并不是"一刀切"的，而是根据各专业的特点对课程内容进行定制。这个阶段的教学重点在于设计基础的培养，专业适应性和方向性要得到充分体现。各专业的基础课程虽然有共性，但每个专业都会加入具有针对性的内容，以便学生在后续学习中更好地融入自己的专业方向。

第二阶段：建筑设计课程模块（包括建筑设计实习，两个学期）。

建筑设计是环境艺术设计的核心基础之一，尤其是在室内设计与景观设计领域。调查显示，许多环境艺术设计专业毕业生在进入职场后，因缺乏系统的建筑知识，常常面临与建筑设计相关的工作难题。因此，本阶段重点在于建筑设计的学习，包含建筑设计理论、基础知识及建筑设计实践。尤其在一些如东南大学、同济大学等院校，建筑设计课程模块作为必修内容，经过两年的学习，学生不仅掌握了建筑设计的基本理论，还通过实习和毕业设计进一步提升了实践能力。这一阶段的教学为后续的室内设计和景观设计课程奠定了坚实基础，确保学生具备综合的设计能力，为跨学科的综合应用做好准备。

第三阶段：模糊风景园林及室内设计教学模块。

在这一阶段，教学内容开始分为风景园林与室内设计两个专业方向，重点培养学生对这两个领域基本理论、设计原理和技巧的掌握。学生不仅要了解室内设计和景观设计的基础知识，还要将建筑设计知识融入其中，理解室内设计、景观设计与建筑设计之间的相互关系和协同作用。通过交叉融合的教学方式，学生能够更好地理解这三个领域的共同点与差异，从而拓宽自己的设计视野。实际上，这一阶段不仅有助于学生对专业方向的进一步认知，也为未来选择自己的专业方向提供了充分思考和准备。

第四阶段：风景园林设计或室内设计教学模块（以所选方向为毕业设计）。

在最后一年的教学阶段，学生将根据自己前几年的学习和兴趣选择风景园林设计或室内设计作为专攻方向。这一阶段是专门化教育的开始，学生将在建筑设计基础上深化对某一领域的理解和应用，通过毕业设计和论文进行综合性实践。这一阶段课程将侧重学生的个人兴趣和专长，使学生在即将步入社会时，具备独立设计和项目实施的能力。

3. 增加工程实践类课程

当前，我国高职院校在实践类课程的设置和实施上存在较为严重的问题，尤其是在很多院校，实践类课程不仅缺乏深度与广度，还往往流于形式，无法真正为学生提供充足的实践机会。这个问题在高职院校中普遍存在，亟须进行反思和改进。美国麻省理工学院作为全球历史最悠久、最杰出的建筑学教育院校之一，曾经在建筑学教育领域处于领先地位。后来，麻省理工学院建筑学专业逐渐陷入衰退，其教学模式也发生了显著变化，忽视了扎实的学科基础和实践教育。这一转型的代表性人物之一是中国建筑师张永和，他于2005年春受邀担任麻省理工学院建筑系主任，成为首位在美国执掌重要建筑工作的华裔学者。张永和不仅是一位建筑师，还是一位具有丰富实践经验的设计师，他有自己的建筑公司，也曾在美国多所高校任教，因此对美国建筑行业的现状和发展有着深刻理解。在他上任后，麻省理工学院迅速启动了教育改革，特别是在课程中加入了更多实践性内容，极大地提升了学生的实际操作能力和创新能力。在他的领导下，麻省理工学院建筑学专业的排名跃升至美国高校第二，从而表明了实践类课程对学科发展的重要推动作用。与麻省理工学院类似，中国的教育改革也经历了类似转型。以广州美术学院为例，该院的工艺专业在改革开放初期并不突出，但由于地处改革开放前沿，广州美术学院得到了更多的实践类机会和设计市场的支持。随着设计行业的发展，广州美术学院的工艺艺术系逐渐发展成一所新的设计学院，特别是环境艺术设计系（现更名为"建筑与环境设计系"）在众多设计学科中脱颖而出，成为最受欢迎的专业之一。值得一提的是，在该系创立之初，由教师团队发起组建的广东省集美设计工程公司是全国最早探讨现代建筑设计实践的学术团体之一。

4. 增加有关工学课程

在四段式教育模式的第二阶段，即"两年的建筑设计课程模块"中，建筑物理、建筑结构、建筑材料等课程的设置得到了充分体现，这些课程的设计不仅注重建筑设计的理论性，还加强了工程学知识的融入。这一阶段的教学重点在于，为学生提供以工程设计和实际建设需求为基础的知识框架，为后续的室内设计和景观设计课程打下坚实的技术基础。然而，当前我国艺术院校的环境艺术设计专业普遍存在工学课程不足的问题，尤其是在一些传统的文科类艺术院校，学生的理工科知识较为薄弱，导致他们缺乏对工程实践的理解，进而影响了设计作品的实际可行性与创新性。虽然这些院校与工科类建筑学院的课程设置有所不同，但不可否认的是，环境艺术设计专业在其教学过程中，必须包含一定的工学知识。这一观点已经在理论界和实务界逐渐得到共识：环境艺术设计是一门艺术性与技术性相结合的综合性学科，其中涉及的工程知识是其基础组成部分。具体来说，这些工学知识不仅包括建筑物理、结构设计、材料学等传统领域，还包括如何将这些理论知识与实际的设计工作紧密结合，推动学生在艺术创作与工程实践之间找到平衡点。为此，许多艺术院校已经开始探索并实施"文理兼修"的教育模式，旨在通过跨学科的教学方式，补齐艺术设计领域的技术短板。这一模式不仅要求学生具备扎实的艺术理论和创作能力，还鼓励他们系统地学习与建筑、工程相关的基础知识，增强学生对技术层面问题的理解和处理能力。

5. "文理兼修"模式

笔者曾有幸对江南大学前研究生学院院长张福昌教授进行过一次深

入的访谈。张教授曾于20世纪80年代在日本千叶大学学习，他提到，千叶大学的设计系课程往往将文科与理科相结合，形成了独特的跨学科教学模式。张教授回国后，特别注重这一模式的引入，他在1985年首次将江南大学室内设计系纳入自己的研究范畴，并随后将这一理念扩展到产品设计系。张教授的这一课题曾获得国家级优秀教育成果奖，反映了跨学科教育模式的价值。张教授提到的课程体系改革，特别是艺术类院校与工程类院校学科融合的思路，成为当前高等教育中一个非常值得关注的趋势。根据对浙江理工大学之江学院以及江南大学工业设计系毕业生的调查可以看出，工程类院校毕业生虽然在起步时有一定的职业选择自由度，但普遍表现为中等水平的状态。大部分学生的职业发展有较大上升空间，能够在初期取得不错的进展。与此相比，艺术专业的学生在刚入学时，主要学习基础课程，因而在初期阶段占有一定优势，但随着课程的深入，单纯依赖艺术专业知识的学生会面临知识面不足的困境，往往在后期缺乏持续的突破。因此，艺术类院校毕业生往往呈现出"菱形"的发展趋势——少数人成为顶尖人才，而大多数则处于中等水平，缺乏后继动力。张教授认为，"文理兼修"的教育模式可以很好地解决这一问题。他提出，文理结合形成了一种阶梯式的发展模式——起步时宽广，最终逐步收窄，这种结构最能帮助学生建立跨学科的优势。在这种教育模式下，学生不仅能在艺术设计领域汲取丰富的创意与文化素养，还能从工学科目中获得扎实的技术基础。这种结合使得学生在毕业后能够在工作中维持较强的竞争力，尤其是在进入专业领域的中高级岗位时，仍能保持持续的优势。目前，国内大多数艺术院校的环境艺术设计专业偏重文科方向，而一些工科学院和林学院的相关专业则侧重理工类课程，这种学科设置差异使得学生的个体优势往往被无限放大，而学生在其他领域的不足则未能得到充分弥补。因此，"文理兼修"的教育模式尤为重要。它不仅能促进学生在各自专业领域内的技术借鉴与相互学习，还能提升学生的思维方式、学习方法及工作态度，帮助学生在多维度上形成优势互补。

第四章　环境艺术设计中可持续理念创新教学

在环境设计中，融入可持续理念的创新教学具有深远意义。它不仅能培养学生的环保意识和社会责任感，还能激发他们在设计中探索更加绿色、节能、可再生的解决方案。通过教学，学生将学会如何在满足人类需求的同时，减少对自然资源的消耗和对环境的破坏。这种教学方式鼓励学生跳出传统设计框架，运用创新思维和先进技术，创造既美观又实用的环境艺术设计作品。此外，可持续理念的创新教学还能促进环境艺术设计教育与时代发展的紧密结合，使教育成果更好地服务于社会，推动环境保护和可持续发展的进程。因此，加强环境设计中可持续理念的创新教学，对于培养新时代的设计师、推动环境设计的绿色发展具有重要意义。

第一节　可持续设计的美学观念

可持续设计的美学观念将环境保护与审美追求相结合，强调在满足功能需求的同时，追求与自然和谐共生的美感。这种观念的意义在于，引导设计师在创作过程中更加注重资源的节约与环境的友好，通过创新设计手法展现自然之美，提升人们的生活品质。同时，它倡导消费者选择环保、节能的产品，共同推动社会向更加绿色、可持续的方向发展，实现人与自然的和谐共存。

一、可持续设计研究概述

可持续设计研究涵盖了广泛的领域，包括建筑、产品设计、城市规划等多个方面。研究的核心在于如何通过设计手段，实现对资源的有效利用和对环境的最小影响。设计师在进行可持续设计时，不仅要考虑美学和功能，还要全面评估设计对环境和社会的长期影响。研究内容涉及绿色材料的应用、能源效率的提升、废弃物管理等多个方面。通过对这些因素的综合考量，可持续设计力求在美观、实用的同时，实现生态和谐与资源节约。

在可持续设计的研究过程中，跨学科的合作尤为重要。设计师需要与环境科学家、工程师、社会学家等专家密切合作，共同探讨和解决可持续发展中的各种复杂问题。研究目标是创建一个兼具生态效益和社会价值的设计系统，使设计不仅服务于当下，还能为未来留下宝贵的资源和良好的环境。

可持续设计研究还注重现代科技与传统工艺的结合，通过创新和传承，实现设计的可持续发展。现代科技提供了新的材料和工艺，使设计更加高效和环保；而传统工艺则为设计注入了文化和历史的深度。研究的最终目的是通过科学的方法和艺术的表达，实现经济、社会和环境的三重效益，为人类创造更加美好的生活环境。

二、可持续设计的发展

可持续设计的发展对于推动社会向绿色、低碳、环保方向转型至关重要。它不仅能促进资源的有效利用和环境的保护，还能引导消费者形成环保消费观念，推动产业创新和经济发展方式的转变，实现经济、社会、环境的协调发展。

（一）绿色设计的形成与发展

绿色设计的概念起源于对环境保护和资源节约的深刻反思。随着工业化进程的加快，环境污染和资源枯竭问题日益严重，人们开始意识到传统设计模式的不可持续性[①]。绿色设计倡导在设计过程中考虑生态效益，通过使用可再生材料、提高能源效率和减少废弃物，实现对环境影响的最

---

①吴智雪，吴智萤. 绿色理念下城市公共环境艺术设计探析［J］. 美与时代（城市版），2023，979（2）：88-90.

小化。绿色设计的发展经历了从初期环保意识萌芽到如今全面生态设计理念的转变。如今，绿色设计已成为全球设计行业的重要趋势，各类绿色建筑、绿色产品层出不穷，体现了人类对可持续未来的追求和努力。

（二）产品服务系统设计的形成与发展

产品服务系统设计是将产品和服务结合起来，通过整体优化提升资源利用效率和用户体验。这一理念的形成源于对传统产品生命周期的反思，旨在通过创新设计，延长产品的使用寿命，减少资源消耗和环境污染。产品服务系统设计强调产品在整个生命周期中的各个环节，包括设计、生产、使用、维修和回收，通过系统化的管理和设计，实现资源利用的最大化和环境影响的最小化。随着可持续发展理念的深入人心，产品服务系统设计在各行各业得到了广泛应用，推动了设计思维从单一产品向综合解决方案的转变。

（三）包容性设计的形成与发展

包容性设计强调在设计过程中充分考虑所有用户的需求，尤其是那些在传统设计中被忽视的群体，如老年人、残障人士和低收入群体。包容性设计的形成反映了社会对公平和人权的重视，旨在通过无障碍设计、平等使用和用户友好性，消除设计中的歧视和不公平。包容性设计的发展经历了从单纯的无障碍设计到全面包容性设计理念的演变，现如今，它已成为设计领域的重要方向。设计师通过创新和实践，不断拓展包容性设计的边界，使更多的人能够平等、便捷地使用各种产品和服务，真正实现设计的社会责任和价值。

三、可持续设计美学观念的价值

当前美学的发展也是社会思潮在美学学科上的反映，当代西方美学变化——实用主义美学的回归恰恰提供了一个引导个体价值观与观看方式变化的基础，当代美学的三个主要分支领域为艺术哲学、日常生活市美化、环境美学。下面从这三个分支探讨可持续设计美学观念分别在艺术、生活、环境中的体现。

（一）可持续设计美学观念在艺术中

在艺术中，可持续设计美学观念不仅是一种理念，更是一种创作实践的方法，艺术家通过运用环保材料、创新工艺和循环利用的方式，创作出既具美学价值又具环保意义的作品。这个观念强调艺术创作过程中对环境影响的最小化，鼓励艺术家关注自然资源的可持续性和生态系统的保护。可持续设计美学在艺术中体现为一种对自然的尊重和对未来的责任感，促使艺术家探索更加环保和创新的材料与技术，创作出不仅能感动人心，还能激发公众环保意识的艺术作品。这种美学观念不仅提升了艺术作品的内在价值，还推动了艺术界在环境保护方面的积极行动。

（二）可持续设计美学观念在生活中

在日常生活中，可持续设计美学观念引导着人们的消费和生活方式，追求一种环保、健康、和谐的生活理念。这种观念提倡简约、自然、循环利用，强调人与自然的和谐共处。人们在选择家具、装饰和日用品时，越来越倾向于选择那些采用可持续材料、具备环保认证和持久耐用的产品。可持续设计美学不仅体现在物质层面，还融入了生活的方方面面，如节能、减少浪费、循环利用等。通过实践可持续设计美学，人们不仅能享受更高品质的生活，还能为环境保护作出贡献。可持续设计美学观念在生活中的应用，促进了消费观念的转变和生活方式的革新，使人们更加注重环境保护和资源节约。

（三）可持续设计美学观念在环境中

在环境保护和建设领域，可持续设计美学观念起到了至关重要的作用。它强调在环境艺术设计和建筑规划中，充分考虑生态系统的平衡和资源的可持续利用。设计师在进行城市规划、景观设计和建筑设计时，融入可持续设计美学观念，不仅关注功能和美观，还致力于减小对环境的负面影响[①]。通过采用绿色建筑技术、节能材料和生态友好的设计方法，营造

---

①侯佳. 环境保护理念在城市环境艺术设计中的渗透与融入［J］. 环境工程，2023，41（2）：286–287.

与自然和谐共生的空间。可持续设计美学观念促进了环境保护与美学的融合，使环境设计不仅具备视觉和使用价值，还体现出对生态和资源的尊重。可持续设计美学观念在环境中的应用，推动了绿色城市和生态社区的建设，提升了城市的可持续发展水平和居民的生活质量。

四、可持续设计美学观念在方法论上的体现

回到实现可持续发展和设计的行动上来，可持续设计是一种致力于构思和发展可持续策略的战略设计活动，可持续的产品和服务系统能够使人们在大大减少资源消耗的同时提高生活质量。如果说仅提高科技效能，实现对现存事物的再设计而不改变生活方式的环境政策是"战术性"的，那么包括生活方式改变的一种全新的消费模式和社会文化创新就是"战略性"的。在此，曼兹尼将最少生存需求和最高生活品质联系在一起，最少和最多之间的张力需要可持续战略找到出口，而要使最少生存需要得到人们的认可，只能通过新的文化和价值判断的土壤。

（一）可持续设计美学观念是社会创新的基本元素

可持续设计美学观念的核心在于，推动社会从资源消耗型发展模式向资源节约型发展模式转变。它不再局限于设计领域，而是扩展到社会创新的各个方面。通过倡导使用环保材料、节能技术和可再生能源，可持续设计美学观念为社会创新提供了新的思路和路径。这种观念要求设计师在设计过程中，考虑产品和建筑在其整个生命周期内的环境影响，从而减少废弃物的产生和资源的浪费。通过强调系统思维和全局观念，可持续设计美学观念推动了跨学科合作和知识整合，促进了创新实践在各个领域的应用。它不仅是设计创新的驱动力，更是推动社会向更可持续方向转变的催化剂。

（二）设计师提供改变的机会

设计师在推动可持续发展的过程中起着关键作用，他们通过创新和创造力，为社会带来改变的机会。设计师的工作不仅是解决当前问题，还要

预见未来的挑战，并通过设计提供可持续的解决方案。他们通过选择环保材料、优化产品结构和提升能源效率，减小设计对环境的负面影响。设计师还在推动社会意识方面发挥着重要作用，通过设计实践和公众教育，提高人们对可持续发展的认识和理解。他们的作品不仅在功能和美学上满足使用者需求，还在潜移默化中引导公众向更环保的生活方式转变。设计师通过不断探索和实践，为社会提供了可持续发展的实际例证，激励更多的人参与这一重要事业。

第二节　可持续发展与艺术设计的关系

艺术设计在创造美观、实用的产品或环境时，融入可持续发展的理念，能够推动资源的节约和环境的保护。这种结合不仅有助于提升设计的品质和价值，还能引导消费者形成环保的消费观念，促进社会的绿色转型。同时，艺术设计为可持续发展提供了新的思路和创意，推动了相关产业的创新和升级。

一、艺术设计与人类社会的关系

现代艺术设计几乎无所不在，已经渗透到人们生活的各个领域。

艺术设计在所有与人相关的环境设计中，起着整合自然与人文审美要素的作用。与此同时，艺术设计在很大程度上决定着环境利用的质量和效率。当代环境艺术设计在此领域发挥着重大作用。

艺术设计决定着人类享用的、可感知的物质和精神产品的形态样貌。换句话说，艺术设计决定着绝大多数产品的审美品质。无须一一列举，与产品制造相关的各个设计专业在此领域当仁不让。

在现代人的制造活动中，艺术设计早已超越了"唯美"的、"化妆"的层面，它能够结合产品的实用与审美功能而关乎产品的综合品质。正是由于艺术设计重点把握的造型、质感、色彩等设计要素，不可避免地要与实用的、功能的、制造工艺等设计要素有机结合起来。优秀的产品，无不融合了艺术与科学技术，蕴含着设计智慧。这种设计的"含金量"，决定了艺术设计创造的价值往往大大超过产品的原料及加工成本。艺术设计对于提升综合国力的作用有目共睹。

艺术设计在商品流通领域更是不可或缺的。从商品的品牌、形象、包装、广告到商品展陈购销的场所环境，艺术设计全面承担了展现、宣传、推介的职能，离开艺术设计的营销活动几乎难以想象。

艺术设计在现代信息传播中的作用是有目共睹的：信息、信息载体和各种媒介都需要形象设计。从传统的书籍、报纸杂志到电视多媒体，再到电子信息网络，信息传播过程中通过艺术设计实现的"信息设计"是人类获取信息的效率和质量的重要保证。

二、当代中国艺术设计的定位

中国在可持续发展道路上的脚步，无法绕开的是对艺术设计的战略定位。

（一）正视艺术设计的学科定位

按传统的看法，在自然经济体制下，手工制品的设计属于工艺美术范畴：为与"工艺美术"的手工艺（还曾被称为"特种工艺"）品性脱钩，有必要将现代工业社会批量化、标准化生产的产品设计界定在艺术设计范畴。其实，工艺美术与设计艺术的概念无法彻底分开，一是在"艺术设计"用语广为应用之前的现代中国，设计实践均是在"工艺美术"旗号下进行的，培养艺术设计人才有近五十年历史的前中央工艺美术学院（现清华大学美术学院）的校名即例证；二是当代的工艺美术创作设计可以将手工艺的形态特征与现代观念和生产方式结合起来，其作品完全可以归属于艺术设计的范畴。

艺术设计学是一门多学科交叉的、实用的艺术综合学科，其内涵是按照文化艺术与科学技术相结合的规律，为人类生活而创造物质产品和精神产品的一门科学。艺术设计涉及的范围宽广，内容丰富，是功能效用与审美意识的统一，是现代社会物质生活和精神生活必不可少的组成部分，直接与人们的衣、食、住、行、用等各方面密切相关，可以说直接左右着人们的生活方式和生活质量。

对于艺术设计行业的产值、利润似乎也不缺少全国性的统计数据。尽管如此，中国社会对艺术设计的重视程度远远没有到位，在许多人心目中，设计师是从事自由职业的个体劳动者，还没有真正认识到应该把艺术设计当成产业来打造，艺术设计产业化发展是未来该行业发展的必然趋势。

艺术设计涵盖的每个具体专业都对应着国民经济庞大的产业系统，艺术设计在现代产品制造过程中起着至关重要的作用，在城乡规划建设中的地位也是无可替代的。艺术设计对于国家综合国力的提升意义重大。

（二）培养环境艺术设计人才和建设艺术设计师团队

壮大环境艺术设计队伍，不能仅仅是单纯人员数量的增加。再多的设计师单兵或小团体作战，作用仍然是有限的，只有将他们组织起来，才能获得更大的力量。在中国，如何挖掘艺术设计师的潜能，组织有战斗力的设计团队，值得我们深省。

环境艺术设计人才的培养在中国有着悠久的历史，过去是以师徒传承的方式进行的，学校方式的艺术设计教育在20世纪初才开始。中华人民共和国成立后，这一学科在高等美术院校得到比较正规的发展。20世纪50年代中期，艺术设计教育作为独立的学科得到系统发展；20世纪60年代起，开始培养研究生；20世纪80年代，进入硕士、博士学位的培养阶段，该学科得到全面的发展，为国家建设输送了不少人才。尽管国家有艺术设计教育的规划，但面对社会现实，不可否认的是，中国的环境艺术设计人才培养还处于市场调控阶段。现如今，艺术设计人才短缺，就业前景广阔，艺术设计院校的学生人数也在逐年增加，许多高校都在增加艺术设计专业。但是，受限于学校和教师的条件，毕业生在数量上依然难以满足社会需求，在质量上难以满足企业技术需求，也难以承担"设计强国"的重要任务。其他专业则受到认知或利益的限制，选修课少，后继者少，前景堪忧。

（三）办好环境艺术设计院校

从理想到现实是一个由点到面的传播过程，先进的理念也是如此。作为理论与实践的集合体，学校承担了为社会和国家培育人才的重大责任，同时对社会价值观和社会舆论产生重要导向作用，先进的思想和理念往往在这里形成与传播。学校还是通过理论研究和设计实践解决社会问题的学术集合体。因此，环境艺术设计院校要加大可持续发展战略思想教育的力度。作为以知识与道德为载体的教师，首先应强化可持续发展战略意识和环境生态意识，提高自身的修养和素质，加强对设计生态学与本专业关系的研究，把可持续发展战略的核心思想融于艺术设计专业教学过程中，使正确的价值观在学生中迅速传播，继而影响整个艺术设计行业乃至整个社会。

有了好的传播源，传播媒介就至关重要，学生作为先进思想的最直接受益者和扩散体系，其作用不可忽视，而未来从事艺术设计专业的学生将是可持续发展战略最直接的执行者，在对学生进行思想教育和专业教育时，教师应始终贯穿可持续发展的设计理念，培养他们良好的职业道德水准。牢固树立可持续发展的绿色意识是艺术设计的核心观念。

可持续发展的设计理念不是口号，不应仅仅靠教师课堂即兴发挥讲解，而应开设固定的专门课程，以及通过专题报告、讲座的形式大力宣传，除了学生在校时期的培养，还应该成为终身教育的内容。面对社会上很多从业人员这方面教育程度不足的现状，对已经从事相关行业的设计人才可以通过各单位的培训或者重返学校进修的方式进行再教育。随着时间的推移及人才的新老交替，可持续发展战略教育的作用将会最大化地在设计产业中体现出来。

对应上述总体目标，承担着构建生存环境、转换生产观念、改变生活方式、提升生活质量重任的艺术设计各专业，理应从战略上制定明确的纲领和目标，以求真正与可持续发展战略同步、同轨，成为其不可或缺的有机组成部分。

设计产业政策的制定是重大系统工程，要由国家主管职能部门组织有关专业团体和大专院校的专家学者开展科研攻关。在艺术设计学的开拓与深化研究方面、设计人才教育规划方面、制造业的设计生产法规方面、与设计相关的技术标准方面、产品设计回收再生率提高的奖励和污染浪费的惩罚方面，理应由国家加大经费投入以保证研究成果的质量。

对于环境艺术设计专业的发展和教学来说，可持续发展的设计理念非常重要。在当下的环境艺术设计教学中，人才的可持续是首要任务，这就要求我们把对创意思维和设计综合能力的培养作为主要教学观。从观念上说，思想决定高度，设计思维决定了设计的深度与广度，因此对学生设计思维的建立与培养要始终贯穿在整个环境设计的教学过程中，充分开启学生的创意思考，注重个性发展与设计潜力。从课程结构上说，基础训练与专业创作是一种对等的、相互影响的关系。具有艺术品质的环境艺术设计作品，必然是在优秀扎实的基础上、与创意思维共同作用后的创作产物。因此，我们要强调基础在环境艺术设计课程中的重要作用。

第五章　数智化时代环境艺术设计的教育应用与改革创新

　　在数智化时代，环境艺术设计教育的应用与改革创新尤为迫切。随着数智技术的迅猛发展，环境艺术设计行业正面临着前所未有的机遇与挑战。数智技术不仅为设计创作带来了更加丰富的工具和方法，也对传统的教育模式提出了新要求。通过数智化手段，教育方式能够更加直观、灵活和高效地传递设计理念与技能，同时为学生提供了更多的实践机会和创新空间。这一转型不仅有助于学生在专业能力上的提升，更能增强他们的创新思维和实际问题解决能力。要实现环境艺术设计教育的改革与创新，关键在于打破传统的教育框架，推动数智技术与设计教学的深度融合。这样的改革意味着，教学内容和方式要紧跟时代发展的步伐，从单纯的技能训练向全面的创新能力培养转变。通过引入数字化建模、虚拟现实、人工智能（AI）等先进技术，学生可以在更具互动性和实践性的环境中进行设计训练，突破以往课堂学习的局限性。这不仅有助于学生更好地掌握设计工具，还能激发他们在设计过程中探索新的解决方案和创意的热情。此外，数智化教育模式的引入，也对设计行业的发展产生了深远影响。它促进了从传统设计向智能化、个性化、可持续化设计转型的步伐。通过数智化教学手段，不仅能使学生掌握先进的设计技术，还能培养具备系统思维、跨学科能力和实际操作能力的复合型人才，这些人才将更好地适应行业需求，为环境艺术设计的创新发展提供源源不断的动力。

　　传统教学模式在培养创新思维、实践能力和跨学科融合等方面逐渐显现出其局限性，难以满足市场对高素质、复合型设计人才的需求。因此，将AI技术融入环境艺术设计课堂教学，通过智能化的教学手段和平台，不仅能丰富教学内容，提升教学效率，还能激发学生的创造性思维，增强他们解决复杂设计问题的能力，从而推动该学科教学方法的改革与创新，顺应时代发展潮流，为国家创新驱动发展战略贡献力量。

第一节　AI技术在环境艺术设计中的教育应用

随着AI时代的到来，AI技术在环境艺术设计中的教育应用尤为重要。首先，AI技术的引入显著提升了设计效率。通过AI的辅助，设计师能够快速生成设计主题、概念和色彩搭配等，这不仅有效缩短了设计时间，还减少了工作量和时间成本。AI技术强大的数据分析能力，也使得设计师更加精准地预测设计趋势，挖掘潜在的设计元素，帮助他们更科学地进行创作，从而降低了设计的成本和风险。其次，AI技术在环境艺术设计中的教育应用能够极大地激发学生的创新潜力。利用AI工具，学生能够快速处理和分析大量数据，并整合来自不同学科的信息。这种跨学科的学习方式让学生从更宏观、更全面的视角去审视设计问题，从而提升他们的创造力和问题解决能力。再次，AI工具提供的丰富设计资源和案例库，能够为学生提供灵感来源，拓展他们的创作思维，拓宽他们的设计视野。这种资源的多样性与开放性，为学生提供了更多的学习与实践机会，帮助他们更好地理解与掌握现代设计的复杂性和多样性。再次，AI技术有助于优化环境艺术设计教育的教学环境。通过AI，教师能够更加精准地了解每个学生的学习进度和状态，从而提供个性化的教学方案和指导。AI可以根据学生的不同需求，动态调整教学内容和方法，使教学更具针对性和高效。最后，AI技术能够丰富教学手段和方法，通过虚拟现实、增强现实等技术的应用，增强学生的参与感和互动性，从而提高他们的学习兴趣和主动性。

一、环境艺术设计行业的新机遇

对环境艺术设计行业新机遇的深刻理解，对于从业者来说至关重要。

它不仅能帮助设计师紧跟行业潮流，精准捕捉市场需求，还能激发他们的创新潜力，推动整个行业向更高的层次迈进。随着数字化、绿色发展及智能化等新兴趋势的快速发展，环境艺术设计行业正迎来前所未有的机遇。洞察这些新机遇，不仅能帮助设计师在激烈的职场竞争中脱颖而出，提升自身的职业价值，也能为行业的可持续发展注入源源不断的活力。

当前，AI技术的迅猛发展正深刻影响着各行各业，环境艺术设计领域也不例外。在教育领域，AI技术的应用逐渐成为推动教学模式创新、提升教学质量的重要力量。近年来，如伦敦大学学院、得克萨斯大学奥斯汀分校等先锋类高校在课堂或设计工作室也逐渐开始尝试利用AI辅助教学进行形体和空间的探索，通过ChatGPT等文本服务可以实现几秒钟内起草设计说明书的可能性。以前需要数小时成本很高的成熟劳动力完成的工作，现在可以立即被模仿，为在校大学生提供了一种可能颠覆既定设计和商业模式的新工具。

另外，大量如地理信息系统（GIS）、MAPBOX开源地图工具、Mapbox GL获取三维建筑高度（基于HTML语言）等庞大信息量的Mapping软件工具的加持，对于学生课上课外实践及创意、创新分析设计能力的提升，起到了很大的辅助作用（见图5-1）。

图5-1 学生利用MAPBOX生成平面分析图纸

（一）环境艺术设计师须有"客户导向"思维

环境艺术设计涵盖了室内设计、景观设计、家具设计及陈设设计四个重要领域，其核心在于解决人们日常生活中涉及的中小尺度空间及细节问题，并且直接服务于使用者。因此，环境艺术设计师通常具备"客户导向"的思维方式，相较于建筑设计和园林设计，这一点在环境艺术设计中尤为突出。由此，环境艺术设计表现出以下几个显著的特征。

第一，环境艺术设计师必须具备强大的空间艺术感知和控制能力，能够把握功能细节和所有物质成品的品质，直接影响到人们的生活与工作质量。与大尺度的建筑设计或园林设计相比，环境艺术设计能够更有效地回应个体用户或小群体的需求，因此在很多情况下，环境艺术设计起到了细化与深化建筑和园林设计方案的作用。可以说，环境艺术设计充当了大型工程与个人生活之间的媒介，实现了功能与艺术的平衡。

第二，环境艺术设计不仅涉及室内、景观、家具等领域，还与建筑学、结构设计、暖通水电工程、新型材料、园林园艺及家具创作等多个专业息息相关。如此复杂的交叉，要求环境艺术设计师具备更广泛的知识面和较强的综合能力。同时，设计师的协调能力、团队合作能力面临更高的要求。由于专业实践需求的迅猛增长，环境艺术设计的教育内容和课时设置常常难以跟上，成为学术界讨论的焦点。

第三，环境艺术设计涉及的各个行业有着不同的产业链发展特点，成熟度差异也较大，这使得环境艺术设计行业内部缺乏统一的评价标准。无论是在艺术品位还是技术标准上，都存在较大的差异，这也是环境艺术设计行业长期难以形成统一规范的原因之一。

（二）AI时代环境艺术设计具有灵活性、适应性特征

环境艺术设计以其擅长处理中小尺度空间的特长，以及与多个产业紧密关联的特点，展现出了极大的灵活性、适应性与宽容度，尤其在面对新技术和新时代的挑战时，更能显现其独特优势。环境艺术设计由于缺乏统一的评价标准，反而能在多样化需求中迅速找到灵活应对的方式。

第一，随着互联网时代的到来，移动设备已能满足大多数生活需求，人们的个性化偏好也愈加明显。在这种背景下，人们在实体空间中已经不再有耐心去细细品味文化与趣味，而是倾向于寻求更直接、更个性化的空间体验。传统设计方法通常是从大尺度的规划入手，再进行中小尺度的细化设计，这种方式更适用于互联网时代之前，空间设计主要依赖群体化行为和功能划分。但随着人们的行为逐渐趋向"原子化"，即个体行为越来越不受空间束缚，环境艺术设计师能够有效回应这些个性化需求的能力尤为重要。在这种变化中，环境艺术设计师的中小尺度空间设计技巧成为进入新时代的"金钥匙"。

第二，空间的"多功能化"可以从两个方面来理解。一方面是历时性，即空间在一段时间内应能够适应多种使用需求，如商业租赁、功能变更等；另一方面是瞬时性，即在某一特定时段内，空间中的使用者可能处于完全不同的场景中，如博物馆展厅、餐厅或办公室等场所，他们对空间的功能和硬件需求大相径庭。这要求建筑本身的结构较为稳定，但空间的内部结构和装饰则应具有较大的灵活性与变化性。环境艺术设计恰好能够在这一点上发挥巨大作用，满足空间设计对灵活性和多功能性的需求。

第三，随着沉浸式体验和网红打卡式消费的兴起，环境艺术设计不仅迎来了投资者的青睐，也成了设计行业评价的重要标准之一。然而，老年人等不习惯网络生活和自媒体的群体，往往被忽视。这种需求的差异促使设计师在为现代年轻人提供个性化体验的同时，仍需关注不同年龄群体的需求。环境艺术设计师在平衡各种需求的同时，不仅要提升空间的个性化，还要为更多群体创造共融、舒适的环境。优质的中小尺度设计，不仅能提升用户体验，也能弥合社会群体之间因科技进步产生的隔阂。

第四，随着AI技术的进步，房屋建造体系和工作方式也在发生变革。尤其是中小型常规结构的房屋，更容易融入AI设计和智能建造体系。在这一过程中，结构工程师、室内设计师、家具设计师与景观设计师之间的紧密合作，将有效推动空间细节、构造和材料工艺的完善。环境艺术设计师在这一领域的专长，使其能够为AI设计与建造提供精细的空间方案，这将直接提升居住质量和人们的幸福感。

第五，随着AI技术的普及，房屋的设计和建造不仅包括基础设施的搭建，还涉及从地基、结构到室内细节的全套智能化设计与建造。这一过程需要设计师、数学家及多领域的工程师紧密协作，并且随着技术的不断发展而持续升级。环境艺术设计师凭借对用户需求的深刻理解和跨专业的协调能力，将在AI平台的构建中扮演关键角色，确保平台在满足技术需求的同时，能兼顾实际使用的舒适性与人性化。

第六，随着国家建设重心的转移与地产行业的转型，未来的城乡建设将聚焦三个重要领域：一是各类建筑的改造与升级；二是大规模的住宅升级与新型住宅建设；三是在乡村振兴背景下，探索新型乡村和乡镇的建设模式。幸运的是，环境艺术设计师在这三个领域均能大显身手，在空间设计、文化研究、工作流程及质量管控等方面发挥重要作用。这也使得环境艺术设计在新时代的城乡建设中，成为不可或缺的关键力量。

（三）AI时代的环境艺术设计师

进入AI时代，环境艺术的设计和实施必然需要搭建一个完整的、可不断升级的AI平台，把环境艺术设计与环境艺术设计产业统合起来。AI平台的搭建是革命性的，甚至是颠覆性的。未来的环境艺术设计行业，必然依托此平台进行工作。或者更直白地说，环境艺术设计师必将被绑定在平台上工作。未来的环境艺术设计师大致可分为三大类（如图5-2所示）。

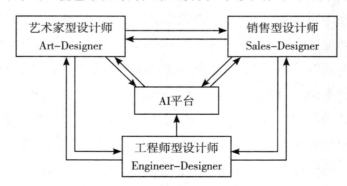

图5-2 AI平台与三种类型设计师关系示意

第一类是销售型设计师（Sales-Designer）。他们将直接面对客户（个人、公司企业或政府机构），依托AI平台工作，根据客户要求、平台提供的AI设计方案和自身的专业判断，提供详细的设计解决方案。当然，前提是这个平台本身就是产业链和AI设计的集合体，销售型设计师的最终方案和工作流程还可回馈AI平台，训练AI模型，让AI计算越发贴合中国人的使用习惯、技术逻辑和审美偏好。

第二类是工程师型设计师（Engineer-Designer）。他们可直接进入AI平台工作，主要配合数学家和算法工程师持续优化平台产品与工作效率。此外，各种新材料、新结构和新产品的研发，也需要工程师型设计师的参与和协调；各种相关数据或参数也会进入平台。工程师型设计师不仅要深谙设计行业的各项工作细节，还要能与其他专业的科学家和工程师有效沟通、协同工作。因此，对他们的艺术感悟力、社会协作能力和科技知识基础，都有较高要求。他们是了解设计师需求、市场发展趋势，推动平台进步和行业发展的重要人群。对工程师型设计师的教育和训练，肯定无法在现有环境艺术设计教育体系中完成，必然要求教育定位、课程体系和教学方法上的重大改革。

第三类是艺术家型设计师（Art-Designer）。他们的立身之本是不拘常规的独特创意，在任何社会中，拥有此能力并被社会和市场所认可的设计师都是少数。在AI时代，他们并非不使用AI平台，而是有能力突破平台的既有限定，能展现出超越其他设计师的想象力和艺术性。他们也会邀请其他艺术家、设计师和工程师，甚至数学家和材料学家参与工作，让其设计方案的创新之处能有效落地。这些艺术性、探索性的设计，不仅能对产业升级和AI平台的建设具有极大促进作用，还能有效启发其他两种类型的设计师。艺术家型设计师是最接近艺术设计专业最初定位的一群人，他们代表着这个行业的最高水平，也能证明行业存在的社会价值和文化艺术价值。

（四）AI辅助教学，拓展创意设计的无限可能

人工智能的飞速发展正在深刻改变各行各业，尤其是在环境设计领域，AI的应用尤为重要，尤其体现在前期构思、艺术效果的呈现、工作流程优化及项目呈现方式等方面。随着生成式人工智能技术的不断进步，

AI工具正逐渐成为设计师创意和生产力的有力助手。在教学中，AI可以被用于整理项目的前期资料，通过ChatGPT帮助学生进行信息搜集，利用Midjourney生成灵感参考案例，极大地挖掘学生的设计创意潜力。

AI技术的广泛应用，使设计过程变得更加高效、灵活。设计师可以通过AI生成初步设计方案，快速进行方案的迭代和优化，从而大幅提升工作效率。这种高效的设计流程不仅节省了时间，也拓宽了设计师的创作空间，使他们集中精力在更高层次的设计深化和艺术表达上。然而，AI的普及和应用，也对环境艺术设计人才的培养提出了新要求。学生不仅要具备扎实的艺术理论基础和敏锐的判断力，还要加强设计深化的能力，掌握如何在AI工具辅助下进行创造性思维的拓展。

学生利用ChatGPT、Stable Diffusion、Midjourney、OSM/DEM等相关人工智能平台，结合省内其他高校及校外优秀设计团队的大量优秀资源，重新整合目前环境艺术设计相关课程，如酒店空间设计、餐饮空间设计、建筑模型制作、数字化效果表现等课程的教学资源，包括大量优秀案例、设计相关素材、基于大数据下的相关设计数据分析等，形成一套基于AI的全面且不断更新整合的数字化教学资源库，为教师提供充足的备课讲授资料，也便于学生课下进行多方位、全角度的自主学习。

通过人工智能技术的辅助，课下充分利用AI智能推荐和数据分析，为教师提供更加个性化的教学方法和讲授方案，如在商业公共空间设计中，利用Midjourney和Stable Diffusion的设定，综合大量数据全方位地分析区位、功能交通动线、不同界面铺装及材料的分析表达等相关设计要素，为教师提供更广泛的思路，从而提高课堂教学效果，进而让学生通过学习得到更好的学习效果。

同时，借助虚拟现实技术和增强现实技术等人工智能技术的加持，结合环境艺术设计各年级不同内容的专业设计实践课程，利用校外实践基地提供的实际项目施工现场，探索并尝试真实线下场地与虚拟现实场地相结合的教学策略和方法，让学生在课堂教学环节、虚拟教学场景、实践教学环境中都能直观感受到设计效果，增强自身的学习体验。教师还能够利用

AI系统构建基于大数据和自动化测试的教学评估体系，依据不同的课程，借助智慧教室，利用摄像头和人脸识别技术，实时对学生的学习专注度进行分析评估，生成教学质量报告，并提供有针对性的改进建议，帮助教师发现问题，及时调整教学策略，确保教学目标的实现。

因此，专业课程的内容和侧重点需要进行相应调整，以更好地适应新技术带来的变化。这不仅要求教学内容的更新，还要求在实践中不断优化课程设置，培养学生在AI辅助下的设计能力和批判性思维。

二、环境艺术设计教育的新结构

环境艺术设计教育新结构的意义在于，它能更好地适应行业的发展需求，培养更多具备专业素养和创新能力的复合型人才。随着社会对环境艺术设计要求的不断提高，传统教育模式已难以满足当前行业对人才的需求。因此，构建新的教育结构，注重理论与实践的结合，强化专业方向内的深入教学，有助于提升教育质量，为行业输送更多高质量的人才，推动环境艺术设计行业的持续发展和创新。

遵循"理论分析—技术应用—实践检验—策略优化"的逻辑脉络，旨在探索人工智能技术在环境艺术设计课堂教学中的创新应用路径。首先，从理论上剖析人工智能技术与环境艺术设计教学的融合点，明确技术赋能的具体领域与方式。其次，基于AI的辅助教学工具与平台，强调智能化资源管理、个性化学习路径构建及跨学科教学实践。在实践中，选取代表性课程开展试点教学，运用混合方法研究设计，结合定量数据与质性反馈，全面评估教学效果。最后，基于实证研究结果，提炼有效策略，同时识别并解决技术融合中出现的关键问题，形成可推广的、具有前瞻性的教学模式与评估体系（见图5-3）。

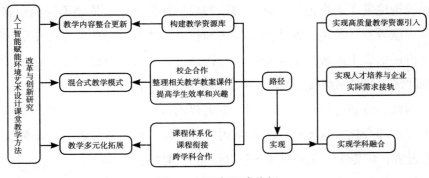

图5-3　研究思路分析

（一）环境艺术设计的教育定位、教学内容和教学方式

1. 教育定位

我国第一个环境艺术设计系诞生于1988年的中央工艺美术学院，也就是今天的清华大学美术学院环境艺术设计系。该专业的教育初衷，明确是服务国家发展需求的。进入21世纪后，教育部要求各大院校和专业明确自身的教育定位，但由于这一要求未涉及院校招生与存续问题，一度未得到足够重视。然而，随着AI时代的到来，全球竞争加剧，许多行业和专业都面临着前所未有的动荡，这使得教育定位的重要性愈加突出，甚至直接影响到院校的未来生存和发展。因此，各高校和院系必须重新审视并明确自身的教育定位。

对环境艺术设计教育的要求，一方面是具备前瞻性。这不仅体现在专业理论和教育理念上，更体现在学科发展及毕业生就业方向规划上，确保学生在未来职场中具备持久的竞争力。另一方面是对行业的不断分化、深化、细化及重构保持敏锐的预判，在课程设计和教学方法上做出相应的调整与侧重。环境艺术设计这一学科正处于不断演变之中，教师和学生都需要对行业的未来趋势有所把握，以便应对日益变化的市场需求。

这两个方面不仅要各自独立存在，更要互相融合、互相支持。前瞻性的教育理念应指导教学内容的优化与调整，同时，行业的预判应影响学科理论的发展方向。只有这样，才能真正培养出适应未来需求的创新型设计人才，推动环境艺术设计教育与时俱进。

2．教学内容

环境艺术设计涵盖了室内设计、景观设计、家具设计和陈设设计四个专业，但这四个专业在环境艺术设计中的出现时间是有先后顺序的，这一发展轨迹与市场需求和行业规模的变化密切相关。

首先，室内设计是最早出现在环境艺术设计中的专业。中国现代室内设计的兴起可以追溯到20世纪二三十年代，当时随着中央工艺美术学院的成立及"十大建筑"的建设，室内设计的课程体系逐渐成形和完善，奠定了室内设计在环境艺术设计中的基础地位。通过这些建设项目，室内设计不仅取得了实践经验，也逐步在学术和教育层面发展出了更系统的知识结构。

其次，家具设计的专业课程开始于1984年，大专班的招生标志着家具设计逐渐成为环境艺术设计的重要组成部分。家具设计教育主要通过设计专业课程和毕业创作项目进行，学生通过这些课程学习设计思维、材料使用，以及功能与美学的结合，逐步形成独立的家具设计能力。家具设计在这一时期逐渐从单纯的产品设计走向更注重空间与环境的设计考虑，成为环境艺术设计的重要分支。

再次，进入20世纪80年代，随着人们对室内外环境整体化设计需求的增加，景观设计开始成为环境艺术设计的一个有机组成部分。景观设计不再仅仅局限于园林绿化，而是开始与室内设计紧密结合，成为环境艺术设计中的重要领域。随着城市化进程的加速，人们对居住、工作和公共空间的环境质量要求逐渐提高，这促使景观设计逐步走向专业化，并成为环境艺术设计的核心组成部分之一。

最后，随着21世纪高端地产的迅速发展，建筑和室内设计的艺术性不断提升，与之相关的陈设设计也逐渐走向独立，成为环境艺术设计的一个独立领域。尤其是在高端房地产项目中，陈设设计不再是单纯的装饰，而是体现整体设计风格和文化内涵的重要组成部分。

3．教学方式

在环境艺术设计专业的教学过程中，传统的课堂教学方法依旧是主流，特别是课堂内的专题讨论和设计方案汇报，这两种教学方式在设计领域扮演着不可或缺的角色。然而，随着数字化时代的到来，AI技术及虚拟现实等技术的普及，面对面的交流和师徒式的教学方式显得愈加珍贵。它不仅是提高教育质量的一种方式，更承载了人类文化和知识传承的责任，因此我们应当在未来的环境艺术设计教育中保持适当比例的课堂教学和讨论课程。这不仅关乎教学效果，也是为了延续两代人之间的智慧火种。此外，外出考察、现场测绘等实践活动，也应当继续作为教学的一部分，保留这种有助于学生综合能力培养的教学形式。

在此基础上，值得深入探讨的是，如何有效地利用线上工具、社交软件，甚至是自媒体平台进行教学。尽管在过去，这些工具更多地被当作特殊时期的应急手段，但随着时间的推移，师生逐渐意识到这些技术为教育带来的便捷性，以及它们打破空间局限、实现自由交流的潜力。在教育改革的讨论中，如何合理利用这些新兴技术已经变得尤为重要。然而，设计专业本身具有较强的实践性质，单纯依赖线上传播的知识传授方式难以满足其教育需求。过度依赖数字媒介可能会偏离教学的本质，影响专业教育的有效性。

此外，学生社团作为专业成长和能力提升的一个重要平台，也应当被纳入高校教育的整体框架。大学的各类学生活动不仅是课外的娱乐方式，更应视为培养学生综合素质和专业技能的重要途径，需要被合理安排与统筹，形成与专业课程的有机结合。

（1）人工智能赋能环境艺术设计课堂教学方法改革。

①相关课程教学内容的整合、更新。

传统教学体系中的相关课程，如建筑材料分析、建筑模型制作、酒店空间设计、商业公共空间设计等，都是按照相对常规的方式进行教学的，由于受到资源、时间及知识更新速度整体落后于真实的市场情况等的限制，学生在课程中及后期实习过程中不能很好地把所学知识运用到实际设计中。通过利用人工智能进行资源整合，构建智能教学资源库，分课程整合各类环境艺术设计相关的教学资源，其中包括不同属性空间、不同风格建筑、不同类型的景观经典案例、设计素材、具体数据等，构建一个全面且高效的教学资源库。再通过AI系统建立智能标签和分类，使得教师和学生能够更快速地找到所需的教学资源。同时，通过对人工智能系统的设定，自动识别和过滤过时、低质量的教学资源，并及时引入新的、高质量的教学资源。

②建立基于人工智能化体系下的混合式教学模式。

A．在加强理论教学与实践教学相结合、互动式教学与学生自主学习相结合、课堂教学与课外市场调研相结合的基础上，充分利用智能化系统的教学资源智能推荐，准确定位学生的学习行为和兴趣偏好，通过分析学生的学习数据，系统可以自动推荐相关的学习资料和案例，从而提高学生的自主学习效率和兴趣。

B．基于人工智能构建理论与实践教学相结合的项目教学模式。项目教学包括认知型项目、创新型项目和综合型项目，项目内容与企业对接、与教师科研项目对接、与大赛对接，形成学生项目小组，提升学生整合设计策划能力、团队合作能力和综合表达能力等专业综合素质，实现人才培养和企业实际需求接轨。

C．充分利用人工智能化巨大优势加强教学方法的多元化和教学途径的拓展，根据环境艺术设计相关课程的阶段性进展，采用集体研讨、交流互动、作品展示、团队合作、案例剖析、现场教学等教学方法。

D．依托人工智能系统，重新对环境艺术设计相关课程教学实施方案进行整理，删除陈旧落后的内容，树立以市场为导向的设计教学与施工现场对接的工作流程，把握好课程间的衔接，精心制定教案、制作电子课件，通过利用资源库有针对性地大量采用市场最新材料图片资料。在保证教学质量的同时，为教材建设提供图片来源和实例分析的素材。

③建立健全合理考核评价机制。

根据环境艺术设计专业特点，利用AI课堂教学质量评估系统将学生课上表现检测与课程教学考核相结合，采取多样化考核方式，重视形成性教学评价，通过阶段性作业进行分阶段式评分，将团队协作设计能力、市场分析能力、互动评价能力等纳入综合考核评价体系，采用知识和能力相结合、过程与结果相结合、个体与团队相结合、定向与开放相结合等考核方法，达到知识与能力并重的考核目的。

（2）通过人工智能进行环境艺术设计相关课程教学拓展创新。

①建立课程联动模块化体系。

通过AI指导下的大数据分析得出结论：形成模块化课程体系（见图5-4）。

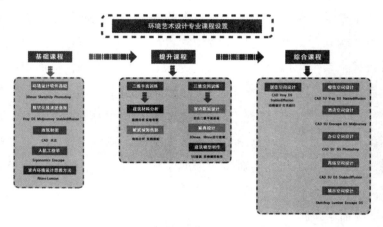

图5-4　模块化课程体系及AI软件课程辅助

②课程衔接。

通过研讨机制，借助人工智能的精准分析，由模块化课程体系的架构明确课与课之间的关系，确立专业基础课程与后续专业课程的重点，建立一种合理的教学体系。例如，"建筑材料分析"课程是为空间设计提供色彩、质感、性格、工艺等方面的准备；"环境设计人机工程学"课程是为空间设计提供空间尺度，环境中的生理、心理等因素的准备。因此，两门课程的教学要有针对性，即一切为了空间设计服务。三门课程的关系是："建筑材料分析"与"家居空间设计"紧密联系，前者是后者的准备与基础；"家居空间设计"与"环境设计人机工程学"紧密联系，后者是前者的准备与基础。因此，在各科的作业项目设定及考评机制方面要明确因果、统一思想，课程联动，共同研讨实施。让学生真正明确每节课程的重点，目标明确，逐步深入。

③跨学科融合教学。

在利用人工智能技术搜寻大量环境艺术设计相关信息整合资源库的同时，会涉及如产品设计、视觉传达设计、建筑学、计算机科学、心理学等诸多相关知识的融合，通过AI系统进行综合的、客观的评价分析后，把不同专业学生通过自愿组队的形式组织起来，组建跨学科设计团队，依托跨学科教学项目、校外实践基地，培养学生的综合素养和跨界合作能力。

通过现有课程专业设计实习，如图5-5所示，环境设计、产品设计、视觉传达设计在相关专业教师引导下，在同一项目中相互配合，共同完成。

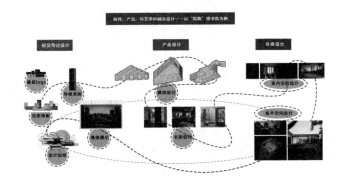

图5-5　学生利用AI相关软件毕业创作设计分析图例

④人工智能在环境艺术设计课堂中的实践。

A．实施案例分析：选取商业公共空间课程具体项目进行人工智能技术融入实践，针对给定具体场地，在AI辅助下，得出不同效果的设计图纸（见图5-6）。从中可以看出，利用人工智能辅助设计大大提高了设计的出图速度，对学生的归纳总结能力也提出了新要求，同时加强了学生之间团队协作、相互配合协同设计的能力。

（a）

（b）

（c）

图5-6 学生利用人工智能系统生成商业建筑及内部空间效果图

B. 学习成效评估：运用机器学习算法分析教学活动数据，评估人工智能技术对提升学生设计创新能力、问题解决能力的实际效果。

C. 持续优化策略：根据实践效果评估，总结人工智能在环境艺术设计教学中的成功经验和存在的挑战，并提出相应的改进措施和未来发展方向，以期不断优化教学过程，实现更高质量的教学成果（见图5-7）。

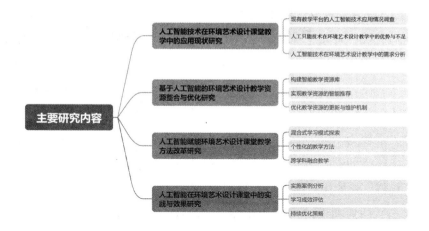

图5-7　主要研究内容

在课程教学过程中，我们还需要解决相关方面的关键问题。

a．技术融合与适用性难题：如何有效地将人工智能技术与环境艺术设计的专业特点深度融合，确保技术工具既能辅助创意表达，又不影响设计的艺术性与原创性，是首先要解决的问题。这要求针对环境艺术设计不同门类课程特点，细致分析教学内容与AI技术的匹配度，开发出既符合设计教育规律又能充分发挥AI效能的新型教学工具。

b．个性化教学与学生创造力平衡：在利用人工智能实现个性化教学的同时，如何保持并激发学生的主观能动性和创造力是一大挑战。我们需探索既能精准推送学习资源、适应不同学生学习风格，又能引导学生主动探索、批判性思考的智能化教学模式，防止过度依赖技术导致的学生创新能力削弱。

c．教学效果评估体系构建。

构建一个既涵盖人工智能辅助教学效果，又能准确反映学生设计能力、创新思维及人文素养提升的多元化评估体系至关重要。这涉及如何利用大数据和机器学习技术客观、全面地收集与分析教学数据，以及如何设计评价指标和模型，以确保评价的科学性、公正性，为教学方法的持续优化提供可靠依据。

（二）环境艺术设计专业学位与设计师的培养

在AI时代，环境艺术设计师可以大致分为销售型设计师、工程师型设计师和艺术家型设计师三类，而环境艺术设计专业的教育目标正是培养这三种类型的设计人才。此外，教育体系还为各类文教单位提供教师、学者和研究员。从院系的定位和课程设置来看，这三类设计师的培养与学历、学位的关系较为密切。然而，由于不同毕业生的天赋能力各异，再加上社会和市场环境的动态变化，随着学生逐渐进入职场，学位带来的影响可能会逐步减弱，差异化的体现将变得不那么明显。

首先，销售型设计师将是环境艺术设计领域人数最多的群体。尽管他们的艺术创意可能有限，但他们必须具备与客户（甲方）进行高效沟通的能力，且能够深入理解中国大众的审美需求，并以此为基础，提供高质量的智力服务。

其次，工程师型设计师需要掌握广泛的跨学科知识，这要求他们接受多学科的联合培养。这类设计师的教育周期较长，通常需要获得硕士及以上学位，甚至拥有工程博士学位会更具竞争力。工程师型设计师的工作职责既类似于工程师，又兼具研究员的特质，需要高度的技术专业性与创新能力。

最后，艺术家型设计师则需要天赋与机遇的双重加持。对这些设计师来说，高学历并非必需，而是通过继续教育体系的深造，才能更好地提升自己的专业水平。

1. 专科教育

环境艺术设计专业的专科教育，主要应聚焦于职业技能的培养，尤其是培养销售型设计师所需的基本素质。专科毕业生应能够熟练使用AI平台和多种互联网数字技术，具备有效与客户沟通并满足其需求的能力。虽然专科生的主要目标是进入职场，但由于每个学生的天赋、机遇和个人努力的不同，经过深造后，部分专科毕业生有可能发展为艺术家型设计师。不过，若想成为工程师型设计师，则专科教育可能存在一些局限，因为理工科的知识和技术能力往往需要更系统地学习，社会经验和专业积累不能完全替代这些基础的学术知识。

2. 本科教育

本科教育在研究型大学和专业院校中有不同的侧重点。对以职业教育为主的专业院校来说，除了满足专科生的基本能力要求，还应增加更多关于专业历史、文化等学科内容，以帮助学生更好地进行自我提升和拓宽视野。研究型大学和专业院校的最大区别，主要体现在教育的重点上，而不是职业技能的培养深度上。在职业技能的培养上，两者差异不大，关键区别在于课时的分配。研究型大学应投入更多资源在跨学科的整合和历史文化的教育上，突出其学术研究的优势；技能训练的课时则可适当减少，更多的练习和技能提升可以由学生课后自主完成，从而充分发挥大学教育的综合性和学术性。

3. 硕士教育

环境艺术设计的硕士教育阶段，当前面临一个定位上的困惑：到底是应该培养更高层次的设计师，还是着重培养理论研究型博士的"预备生"呢？事实上，现有的硕士教育模式和类型已经足够多样，无论是哪种类型的院校，是否培养销售型、工程师型或艺术家型的设计师，都是将重点放在理论研究者的培养上，现有的硕士教育体系已经能够满足这些需求。真正需要的是，各院校应明确其硕士研究生的定位，并建立更严格的评价标准和筛选机制。毕竟，学术研究的创新性和设计领域的创新性是两个不同的概念，但许多教师在这两者之间未加区分，这也导致了设计教育中的某些困境。

硕士研究生往往拥有比专科生和本科生更多的社会经验与更深的思考，这使得他们的研究更能反映中国当代环境艺术设计及行业发展的实际状况。环境艺术设计硕士阶段的教育，实际上是中华优秀传统文化传承和中国环境艺术设计研究的关键所在。特别是，对于AI时代带来的新课题，如建筑改造、新型住宅形态及乡村振兴建设的新模式等，这些领域正是硕士阶段的理想研究方向，它们不仅能直接服务国家建设、推动市场发展，还能为深层次的理论创新奠定基础。

4. 博士教育

博士教育通常被认为是纯粹的理论研究，但随着中国科技和社会的进步，国家和用人单位已逐渐意识到，许多传统的理论型博士常常脱离实际行业，难以对行业发展做出实质性贡献。尤其是在大文科领域，西方的经典理论体系往往无法有效解释和解决中国的现实问题，甚至可能对中国当代设计文化产生不利影响，既浪费了教育资源，也浪费了博士研究生的学术生命。因此，建立工程博士培养体系，可能是解决这一问题的有效途径。

在环境艺术设计教育的改革过程中，工程博士的培养具有三大重要职责：第一，基于硕士阶段的研究成果，与理论型博士共同努力，推动中国环境艺术设计理论体系的构建；第二，成为AI平台建设的重要推动力量；第三，利用环境艺术设计的独特优势，积极参与城乡建设研究，为AI时代中国的生产和生活空间构建提出全新模式。

5. 继续教育

在以往的大学教育改革中，继续教育往往被忽略，甚至被视为大学增加收入的"附带项目"。然而，进入AI时代，继续教育的角色将变得更加重要，甚至可能成为与学位教育并行的必要组成部分。具体来说，继续教育将发挥以下几个关键作用。

首先，在AI时代下，任何人的职业生涯都有可能经历"回炉"阶段。继续教育能帮助个人迅速适应科技和社会的变化，或者进入新的职业发展路径。

其次，继续教育应根据学员的专业背景，结合本院系的本科或硕士教育标准，补充学员缺乏的专业知识和技能。这类课程设置与现有的继续教育课程相似，较易开展和实施。

最后，继续教育应根据本地行业特色和院系的优势，量身定制课程，提升从业者的整体素质。虽然这类课程的设计难度较大，但正是这一领域展示了AI时代继续教育的独特价值。

当继续教育能够依据产业需求和市场发展，系统性地设计课程时，它将成为大学教育中对社会需求反应最敏锐、最有效的环节。这不仅有助于高校探索新的研究方向，还能推动新兴教学领域的建设，进一步加强对本硕博教育和学术研究的影响。

继续教育同样应具备与硕士教育对接的能力，能够涵盖环境艺术设计专业所有类型毕业生的需求，值得深入研究。

随着AI时代的到来，环境艺术设计行业将迎来前所未有的发展机会，设计理念也需重新审视和构建。未来，环境艺术设计教育的重点将是培养三类设计师：销售型设计师、工程师型设计师和艺术家型设计师。同时，不同层次的专业教育应为理论研究者和设计策划人员的职业发展提供坚实支撑。现有环境艺术设计专业应在课程设置上适当融入AI时代所需的新知识，构建适合这三类设计师发展的教学内容。课程教学、行业实践与校内活动要紧密结合，以培养具有扎实知识背景、卓越专业能力和终身学习能力的新型环境艺术设计师与研究者。

环境艺术设计理论和实践模式的研究是环境艺术设计专业过去的一大缺失。缺乏理论研究使得行业的社会认知模糊，甚至被视为建筑和地产行业的附属领域，未能为中国当代设计思想和造物观念作出贡献。在AI时代，环境艺术设计教育者必须重新审视自己的角色和责任，抓住机遇，推动中国环境艺术设计领域的深入发展。

第二节　虚拟现实技术在环境艺术设计中的教育应用

虚拟现实技术以沉浸式交互体验为特点，将其应用到环境艺术设计中，不仅可以丰富设计人员的创意思路，为环境艺术设计提供更多创作工具与呈现方式，而且可以增强观众的参与感与体验感，显著提升环境艺术设计水平。

一、虚拟现实技术在环境艺术设计中的体现

虚拟现实技术是一种基于计算机技术模拟人类感官系统、创设虚拟现

实感、允许参观者交互观察和操作的技术[①]。通过计算机生成数字化环境，使参观者通过专用设备与虚拟环境进行深度互动。这一技术可以模拟真实世界或构建虚拟世界，为参观者提供一种身临其境的感觉。通过应用该技术，让参观者感知、探索并参与虚拟环境中的各种活动，进一步拓展人与计算机交互的可能性。

传统的设计工具和方法往往难以完全传达设计意图，而虚拟现实技术的应用为设计师提供了一种全新的语言，使设计师更直观、实时地展示他们的创意，并让观众深入参与其中。

（一）计算机图形学技术

计算机图形学技术的综合应用使环境艺术设计创造出令人印象深刻的虚拟体验，为观众提供沉浸式的艺术感受。设计师使用三维建模软件创建虚拟环境、建筑、景观和艺术品的三维模型[②]。渲染是将三维模型转换为最终图像或动画的过程，渲染技术包括光照、阴影、材质、纹理映射等，以产生逼真的视觉效果。光照是虚拟环境中模拟光源的过程，而阴影则提供了物体之间的深度和真实感，计算机图形学技术通过各种光源类型和阴影算法实现逼真的光照效果。设计师使用纹理映射技术为三维模型的表面添加细节和纹理，对于需要动态元素的环境艺术设计，动画技术用于为模型添加运动和变换，可能涉及骨骼动画、路径动画等。利用实时渲染技术，设计师可以在设计过程中立即看到效果。实时渲染是一种对交互性要求较高的技术，它允许设计师在设计过程中实时预览和调整模型。

（二）全景摄影技术

在环境艺术设计中，全景摄影技术是一种强大的工具，用于捕捉实际环境的全景图像，可以为观众提供更加沉浸和真实的体验。全景摄影通常使用全景相机或360度摄像机，这些相机具有全景镜头或者多个镜头，能够

---

① 任佳伟. 基于VR虚拟现实技术的环境艺术设计教学研究［J］. 天南，2023（5）：184-186.

② 于欣. 基于虚拟现实技术的环境艺术设计系统设计［J］. 信息与电脑（理论版），2022，34（17）：90-92.

同时捕捉全方位的景象。在全景摄影中，摄影师通常采用全景拍摄技术，通过在不同方向上拍摄一系列照片，并在后期将这些照片拼接在一起，形成全景图像。这一过程既可以通过相机的全景模式实现，也可以通过后期制作软件完成。拍摄的全景图像需要使用专业的全景图像拼接软件进行处理，这些软件能够将多个照片合并成一个连续的全景图，确保图像的一致性和平滑过渡。除了静态图像外，全景摄影技术还可用于创建全景视频，通过在视频中捕捉360度的视角，使观众感觉自己置身于实际场景中。

（三）人机交互技术

在环境艺术设计领域，虚拟现实技术的应用使用户交互变得更加丰富和多样。通过摄像头或传感器，虚拟现实系统可以精确识别用户的手势和动作，让用户通过自然的手势进行导航、选择和与虚拟环境互动，这增强了用户与虚拟世界的沟通和沉浸感。常见的虚拟现实系统通常配备手持控制器或手柄，用户可以利用这些设备操控虚拟环境中的物体，进行空间导航或执行其他操作。这些控制器通常包含按钮、摇杆和传感器，提供了多种输入方式，能够满足用户不同的操作需求。眼球追踪技术是虚拟现实系统中的一个创新，它能够跟踪用户的视线和眼球运动，进而改变虚拟环境中物体的焦点或激活特定的交互。通过这种方式，用户能够更加自然地与虚拟世界进行互动，体验更加生动和精准的反馈。此外，虚拟现实系统还能够根据用户头部的运动调整视角，使得用户在虚拟环境中自由地转动头部，探索三维空间。为了进一步增强用户的沉浸感，虚拟现实技术还引入了触觉反馈设备，如振动手柄、触觉手套或力反馈装置，使用户体验到虚拟环境中的触感和力量感。语音识别技术的加入，使得用户通过语音命令与虚拟环境进行交互，无须依赖手动输入，从而提供了更加自然、流畅的体验。虚拟键盘或界面是虚拟现实中常见的交互工具，用户可以通过手势、控制器或眼球追踪操作这些界面。更先进的虚拟现实系统还支持全身追踪，通过传感器或摄像头捕捉用户整个身体的动作，使用户在虚拟世界中实现更加真实和自由的运动，进一步提升了虚拟现实的沉浸感和互动性。

（四）实时跟踪和定位技术

实时跟踪和定位技术在环境艺术设计中至关重要，它通过准确地追踪用户在三维空间中的位置和动作，帮助创造更具沉浸感的虚拟体验。多种技术被应用于此，包括光学追踪系统、惯性测量单元、视觉追踪技术、超声波定位系统、磁性定位系统及深度摄像头和激光扫描技术等。光学追踪系统采用红外光或LED标记，通过摄像头捕捉这些标记的位置，能够实现对用户头部、手部或其他物体的精确追踪。这种方法具有较高的精度和实时性，被广泛应用于需要高度准确定位的虚拟现实体验中。惯性测量单元由多个传感器组成，如陀螺仪、加速度计和磁力计，能够实时测量用户的加速度、角速度和方向，进而追踪用户的身体运动，提供动态的定位数据。视觉追踪技术依赖计算机视觉算法，通过识别环境中的物体或标记，捕捉用户位置及动作信息。通过实时分析来自摄像头的图像数据，视觉追踪技术能够准确地定位用户在虚拟空间中的位置。超声波定位系统通过固定在空间中的超声波发射器和接收器，测量超声波信号传播的时间差，从而计算出用户的位置，特别适用于室内虚拟现实环境，具有较强的定位能力。磁性定位系统利用磁场传感器监测用户设备上磁场的变化确定位置。虽然这种技术在某些特定环境下效果显著，但它容易受到周围金属物品或电磁干扰的影响，可能导致精度下降。深度摄像头和激光扫描技术则通过测量设备与物体之间的距离，生成深度图，为虚拟空间的定位提供更加精准的数据。

二、虚拟现实技术在环境艺术设计中的应用价值

虚拟现实技术在环境艺术设计中具有巨大的应用价值。它能够构建高度真实的虚拟场景，让设计师在虚拟空间中高效、精确地完成设计和修改工作。这种技术的应用不仅有助于降低设计成本、提升工作效率，还能为客户提供更直观的设计展示，提升客户对设计方案的理解、认同和满意度。同时，虚拟现实技术促进了设计方案的传播，推动了设计领域的创新

和升级。

（一）有助于提升设计效率

虚拟现实技术为环境艺术设计带来了显著的效率提升，能够革新传统的设计方法，并解决许多传统设计中的问题。通过虚拟现实技术，设计人员可以摒弃传统的模型制作和手工绘图，直接在虚拟环境中进行设计，这不仅大大节省了设计时间，也有效降低了设计成本。此外，虚拟现实技术可以提供实时的设计预览和修改功能，使设计师在虚拟世界中快速查看设计效果，实时调整设计元素和空间布局。这种即时反馈极大地加快了设计过程，避免了传统设计中反复修改和重建的低效问题，从而提升了整个设计流程的效率和创作空间。

（二）有助于增强设计的交互性

虚拟现实技术的引入不仅改变了设计人员的工作方式，也增强了设计的互动性。在虚拟环境中，参观者和客户能够通过手势或控制设备与设计进行互动，实时调整设计的细节、改变布局等，使设计更加灵活和具有参与感。这种交互方式不仅能让客户更好地参与设计过程，满足他们的个性化需求，还能让设计师根据客户的实时反馈进行调整和优化，从而提升设计的创意性和客户的满意度。虚拟现实技术通过这种实时互动方式，让设计更具创意性和动态感，同时让环境艺术设计变得更加人性化、个性化，增强了设计的整体价值和吸引力。

（三）有助于提升设计的艺术效果

环境艺术设计不仅要考虑空间的实用性，还要兼顾艺术性，营造既符合功能要求又富有审美价值的环境氛围。在这一方面，虚拟现实技术提供了极大的助力，尤其是在艺术效果的提升上。通过虚拟现实技术，设计师可以模拟各种艺术元素，如光影的变化、不同材质的质感等，精准地展示设计的最终效果。这种高仿真技术让设计师更清晰地表达设计理念，同时提升设计作品的艺术表现力。虚拟现实技术的应用促使设计师更深入地思考和打磨自己的创作，为观众呈现出更具视觉冲击力和艺术感的空间设计，从而满足人们对功能性和艺术性的双重需求。

（四）有助于提升设计的感知度

虚拟现实技术的引入，使环境艺术设计的感知度得到了显著提升。它能够通过逼真的模拟调动人的多重感官体验，包括视觉、触觉等，让用户对设计的理解更加深刻。设计师借助虚拟环境中的空间模拟，可以在不同维度和尺度下展现设计方案，使得参观者更加直观地感知空间布局和设计细节。这种沉浸式体验减少了传统设计中可能产生的沟通障碍，从而增强了设计的沟通效果。

三、虚拟现实技术在环境艺术设计中的应用策略

虚拟现实技术在环境艺术设计中的应用策略非常关键，因为它突破了传统设计方式的局限性，开辟了更高效和直观的设计新路径。借助虚拟现实技术，设计师能够在三维模拟环境中进行创作，不仅能更清晰地展现设计意图，还能在虚拟空间中直观地调整和优化设计方案。与传统的平面图纸相比，虚拟现实技术提供了更直观的空间感知，使得设计过程更加精准、高效。此外，虚拟现实技术还为客户提供了沉浸式的互动体验，客户能够在虚拟空间中自由探索设计方案，体验空间的每处细节，从而更好地理解和认可设计方案。这种互动和沉浸式体验有效加强了设计双方的沟通，减少了沟通障碍，使设计过程更加顺畅。与此同时，虚拟现实技术能够减少设计过程中的错误和成本浪费，避免了传统设计中可能出现的反复修改和错误判断，提高了项目的经济效益。

（一）革新设计理念，发挥虚拟现实技术的实效性

设计理念在环境艺术设计作品中的重要性毋庸置疑。随着人们生活水平的提高和审美需求的多元化，传统环境艺术设计理念已经无法完全满足现代社会的需求。虚拟现实技术在环境艺术设计中的应用，为设计师提供了更加高效、灵活的设计流程，激发了创意的无限潜力，并推动了行业的不断创新。然而，要将虚拟现实技术的实效性最大化，设计师必须主动突破旧有思维，革新传统设计理念。

通过虚拟现实技术，设计师能够自由地探索和验证各种设计方案。该技术提供了一个交互式、沉浸式的创作平台，可以让设计师实时预览设计效果，并快速调整不同的设计元素，如空间布局、光影效果和材质感等。在这一过程中，设计人员能够更加直观地感知和优化作品的每个细节，为设计带来新的创作灵感和视角。此外，虚拟现实技术还促使设计师与客户之间的沟通更加高效和透明，使客户身临其境地体验设计方案，提出即时反馈，帮助设计人员调整方案，更好地满足客户的需求。这种实时互动不仅能加快设计进度，还能提升设计作品的创新性和符合时代审美的程度。

（二）丰富设计方式，满足不同风格需求

在传统的环境艺术设计中，由于受到技术和工具的限制，设计人员往往只能采用较为单一的方法进行创作，难以满足现代设计需求的多样性。然而，虚拟现实技术的应用为环境艺术设计领域带来了全新的可能性。通过这项高新技术，设计师不仅能精确地还原和建模虚拟环境，还能为用户创造身临其境的感官体验，从而使设计变得更加直观和富有互动性。

虚拟现实技术通过提供丰富的设计工具，如三维建模、虚拟空间漫游等，极大地拓展了设计人员的创作空间。设计师可以更加灵活地选择适合的设计方法，以应对不同项目的需求。例如，设计人员可以通过虚拟现实技术展示多个室内设计方案，并根据项目要求调整空间布局、家具搭配、光影效果等元素。用户通过虚拟现实设备，能够在三维空间中亲自体验不同的设计方案，感知每个设计细节和空间氛围。这种设计方式不仅有助于客户做出更加准确的选择，还促进了设计师在创作中更加注重细节和创意的发挥。

虚拟现实技术的引入不仅提高了环境艺术设计的灵活性，还增加了设计创作的乐趣和挑战。设计师在虚拟空间中可以自由探索不同的风格和元素，突破传统设计思维的局限，为每个项目量身定制创新的设计方案。

（三）构建三维空间，创设环境艺术模型

传统的环境艺术设计作品多依赖手绘或计算机效果图，这样的展示形式虽然能够展现设计的平面效果，却往往难以全面传达空间的层次感与实际效果。而虚拟现实技术的引入，则为环境艺术设计带来了全新的展示方式，使得设计作品不仅具备了三维立体感，还能通过增强现实设备呈现更加真实的场景，极大地增强了用户的感官体验。

虚拟现实技术能够让设计人员在虚拟环境中构建出真实感十足的三维空间，进而为设计方案的展示提供更多维度的呈现。在虚拟环境中，设计人员可以利用建模还原技术和系统集成技术，快速将设计理念转换为三维模型，从而全方位展示环境艺术设计的各个细节。相比传统的二维效果图，这种方式能够更好地体现设计的空间感、深度感和层次感，使得设计作品更具表现力与互动性。例如，某景观设计公司就通过虚拟现实技术构建了一个三维空间，模拟了一个城市公园的设计方案。设计师通过虚拟现实平台创建了一个真实感十足的环境，其中包括植被、景观元素和不同的光影效果。通过虚拟现实设备，用户能够亲身体验这个公园的空间布局、氛围感及景观的细节，从而提前了解设计效果，并能够在虚拟环境中对设计方案提出反馈。

虚拟现实技术的应用使得环境艺术设计不再单纯局限于静态的效果展示，而是将设计与客户的互动带入了一个全新层次，提升了设计的可感知性和反馈效率。

（四）完善设计作品，提高环境艺术设计的科学性

虚拟现实技术的应用不仅能显著提高设计作品的艺术性，还能通过精确的数据分析和模拟，提升环境艺术设计的精度，使得设计过程更加便捷高效，并整体提升环境艺术设计的水平。设计人员借助虚拟现实技术，可以全方位展示作品，深入分析每个细节，从而确保设计具备高度的科学性。同时，虚拟现实技术的辅助作用帮助设计人员识别并改进设计中的优缺点，及时根据用户需求调整方案，避免因设计缺陷或客户不满而影响工程进度。此外，虚拟现实技术的引入可以使设计人员进行更真实的模拟实验，如模拟不同材质在不同光照下的视觉效果，或是模拟人流在特定空间内的动态行为等。这些模拟数据为设计的优化提供了有力依据，确保最终的设计既符合科学原理，又具备实际操作性。例如，在与客户讨论设计方案时，设计人员可以借助虚拟现实技术呈现出方案的三维效果，帮助客户更加直观地理解设计成果，并提出修改意见，进而提升方案的完善度。这种提前运用虚拟现实技术进行设计展示和优化的做法，不仅能有效验证设计思路的可行性，提升设计的科学性，还能通过精准估算工程造价，为环境艺术设计项目节约成本，推动整个工程的顺利进行。

（五）展示设计作品，增强画面真实感

虚拟现实技术的应用将信息技术与计算机软件的优势完美融合，为环境艺术设计提供了强有力的支持，使设计人员打造出更加真实的虚拟场景，从而以生动、真实的方式展示设计作品。借助这一技术，设计人员可以通过虚拟现实手段，使观众在视觉和空间上获得更加全面的体验，更好地感知设计中的空间感和氛围，深入理解设计的整体理念。设计人员可以运用虚拟现实技术，将设计方案直观呈现给客户或观众，通过虚拟漫游等互动方式，增强展示效果，让观众仿佛置身于设计环境中，身临其境地感受作品的细节与魅力。例如，设计人员可以使用虚拟现实技术创建一个高度真实的虚拟景观，观众可以自由地在虚拟空间中移动，近距离观察设计中的每个元素，如植物、水景和光影效果等。这种方式不仅增强了观众对设计细节的理解，还带来了前所未有的参与感和沉浸感，让他们从一个全新视角欣赏设计的独特美感。以古典园林设计为例，设计人员在进行初步建模时，可以充分结合园林的外部环境条件，通过虚拟现实技术对园林的道路、设施等进行精确建构，运用Photoshop软件整合园林的植被模型，同时将Unity3D和3DsMax等技术结合，创建出园林的虚拟模型，将设计作品全面而直观地呈现给用户，帮助他们更系统地观察并理解整体设计效果。

（六）突破时空界限，提升参观体验的自由度

虚拟现实技术在环境艺术设计领域具有显著的价值，尤其是在突破时空限制和提高参观自由度方面展现了其独特的优势。借助虚拟现实技术，设计人员可以打破传统设计的时空界限，让观众体验到一种超越现实的"穿越感"。设计人员应积极利用这一技术，为参观者提供更加自由、灵活的参观方式，以克服传统设计中空间和时间的限制。例如，数字博物馆是虚拟现实技术在环境艺术设计中的典型应用，它通过技术手段还原历史场景，让参观者不出家门便能体验到博物馆的魅力。参观者通过智能设备可以随时进入博物馆，360度全景地欣赏展览，灵活选择游览的路线和场馆，真正实现虚拟世界中的自由游览。此外，数字博物馆还消除了时间限制，参观者可以自由安排参观时间，无论何时都能尽享参观的乐趣，极大地提升了用户的体验感和满意度。

此外，虚拟现实技术还可以用于还原特定历史场景，如古代农耕生活的模拟。设计人员通过虚拟现实技术，栩栩如生地再现古人耕作、酿酒等生活场景，人物模型被精准还原，衣着、肤色和表情等细节都十分逼真，仿佛参观者真的置身于古代。通过智能设备，参观者不仅能在虚拟环境中自由游走，还能与虚拟人物进行互动，增强穿越时空的身临其境感。

虚拟现实技术在环境艺术设计中的应用前景非常广阔。设计人员应充分发挥虚拟现实技术的互动性和沉浸感，提升设计效率，增强用户体验和满意度，从而最大限度地提升设计效益。在具体操作中，设计人员应灵活运用虚拟现实技术的多种优势，创新设计理念，丰富设计方式，构建三维空间，完善设计作品，打破传统设计的局限，推动环境艺术设计领域的创新与发展。

第三节　数智化时代下的环境艺术设计教学改革

随着我国社会的快速发展，要想学生跟上时代的步伐，就需要在环境艺术设计教育方面进行深刻的变革与创新。这种改革不仅需要体现在教学内容和方法的创新上，还需要学校、教师和学生的紧密配合，以确保教学能够高效实施。特别是，学校应当为学生提供充分的设计实践机会，创造一个良好的学习环境，激励学生主动参与，提升他们的学习热情，使他们在充满活力的氛围中成长，并更好地适应社会需求的变化。

一、数智技术在环境艺术设计教学中的引入

所谓"数智技术"，是指一种以数据为中心、以智能化为驱动，并且依托互联网和创新动力的先进技术。它在多个领域的应用已经证明了其强大潜力，特别是在环境艺术设计的教育中，数智技术能够为学生提供诸如数据分析、智能设计、虚拟现实、增强现实和云计算等多种支持手段。这些技术不仅能够有效提升学生的设计效率和质量，还能够增强他们的创新思维。

（一）数智技术的概念特征与发展态势

随着信息技术的持续进步，世界已逐渐步入数智时代。数智技术是多个领域核心技术的融合，涵盖了大数据、人工智能、云计算、物联网、虚拟现实、5G等新兴技术，这些技术正快速而深刻地改变着各行各业的运作模式。根据美国Gartner研究机构发布的《2023年客户服务与支持技术成熟度曲线报告》，生成式人工智能、AI增强的软件工程等25项新技术将在未来2~10年对社会产生显著影响。从技术角度来看，数智技术是数据技术与智能技术的结合体，尤其在数据智能分析、信息可视化、智能推理和决策支持等方面展现了巨大优势。

（二）数智技术引入环境艺术设计教学的必要性

根据《教师教育振兴行动计划（2018—2022年）》的指导方针，新一代信息技术应当促进教与学的深度融合，强调自主学习、合作学习与探究学习的教学特点。因此，环境艺术设计教学的目标应当是培养学生的独立分析能力、跨学科协作能力和设计创意思维，同时帮助学生掌握最新的设计软件技能，理论与实践并重。然而，当前环境艺术设计教育面临着多个问题：一方面，课程内容更新滞后，未能有效跟上设计行业的最新发展，尤其是在新技术、新材料的引入上存在短板；另一方面，教学理念尚未得到充分更新，传统教学模式制约了学生的创新思维和自主能力。与此同时，现有的教学模式和评价体系过于单一，专业设置过于细化，缺乏学科间的跨界交流和合作。最关键的是，环境艺术设计教学长期依赖计算机软

硬件技术和图形理论的支持，虽然计算机技术能够在设计制图的精确性、效率和灵活性上提供帮助，但整体应用水平仍显不足，亟待提升和创新。

（三）数智技术引入环境艺术设计教学的作用

在前文的分析基础上，引入数智技术到环境艺术设计教学中尤为必要。这一举措不仅能推动计算机辅助设计（CAD）向人工智能辅助设计转型，还能充分发挥数智技术在设计教育中的深度融合优势。具体来说，数智技术在教学中的优势和价值表现在以下几个方面。

1. 提供沉浸式学习体验，激发学生的创意思维和想象力

通过虚拟现实技术和增强现实技术，学生能够身临其境地体验各种三维空间场景，模拟和测试不同的设计方案，评估其在多种条件下的表现。这种沉浸式学习体验能够使学生直观地感知设计决策对设计效果的影响，从而深化他们对设计理念的理解。同时，虚拟环境的互动性有效激发了学生的空间想象力和创新思维，为他们创造性地解决设计问题提供了有力支持。

2. 人工智能辅助设计创作，提升学生的问题解决能力

在"互联网+教育"环境下，学生能够接触到丰富的教育资源，获取大量信息和艺术灵感，并受到它们的启发。人工智能辅助设计工具为学生提供了个性化的学习和创作支持，学生不仅能轻松实现创意的生成，还能优化和调整设计方案。AI的智能分析功能能够帮助学生预测设计方案的影响并跟踪最新设计趋势，帮助他们做出更加具有前瞻性和可持续性的设计决策，从而培养解决复杂问题的能力。

3. 直观的可视化工具，提高学习效率与教学效果

数据可视化工具帮助学生以图形化的方式表达设计理念和相关数据，这一过程有助于培养学生的分析和逻辑思维能力，同时促进设计理念的表达与沟通。此外，数据驱动的教学模式还可以帮助教师迅速收集和分析教学数据，精准评估学生的学习进度和成果，从而优化教学策略，提升整体教学效果和效率。

二、数智技术与环境艺术设计教学的创新结合

数智技术与环境艺术设计教学相结合的创新教学模式，使学生在数智时代具备更好的适应力和创新能力。将数智技术运用到环境艺术设计教学中，可以利用环境艺术设计教学及环境艺术评价理论体系的已有成果，将虚拟现实技术与环境艺术设计教学相结合，创新实践教学，指导学生完成课程设计实践，具体内容包括教学目标的确定、教学方法的导入等方面。

（一）教学目标的确定

教学目标是教学活动指导和评价的依据，也是教学过程的出发点和归宿。数智技术与环境艺术设计教学的创新结合，要求教学目标具有以下特点。

1. 以创新能力为核心

创新能力是环境艺术设计专业学生的重要素质，也是数智时代的核心竞争力。为了培养创新能力，环境艺术设计教学的目标应该紧扣创新的各个方面，包括创新思维、方法和实践等，使学生在数智技术的支持下，创作出既有价值又有深远影响的设计作品。具体来说，可以通过以下几个方面设定相关教学目标。

（1）掌握数智技术的基础知识与应用。

学生应掌握数智技术的核心概念、工作原理和实际应用，了解数智技术如何影响和启发环境艺术设计。在此基础上，学生应学会运用数智技术解决设计过程中的各种问题和挑战，不断提升设计的精确性和创新性。

（2）运用创新思维与数智技术提出创意方案。

在数智技术的支持下，学生需要学会运用创新思维和方法，提出富有创意且可执行的设计方案。通过合理的论证与评估，学生能够确保设计方案的可行性，并通过多种途径有效地展示和传播设计成果，增强设计的实际应用性与影响力。

（3）参与创新实践并进行持续反思。

学生应该积极参与数智技术与环境艺术设计的结合实践，在实际操作

中不断反思、调整和优化设计。通过这种实践，学生能够更深刻地体会到数智技术的实际价值，并在不断尝试中积累经验，增强自己的创新能力。

（4）跨学科协作与团队合作。

学生应当具备跨学科协作的能力，能够与不同专业背景的人员共同合作，运用数智技术推动团队创新。在协作过程中，学生不仅要能够有效融入团队，发挥自己的优势，还要能够理解数智技术在环境艺术设计中的作用，为团队设计提供创新性解决方案。

2. 以数智运用为导向

在创新环境艺术设计教学中，培养学生对数智技术的理解和应用能力，尤其是数据的分析、利用和评价能力，是至关重要的。这些能力不仅是数智时代环境艺术设计的基石，也是推动设计决策和优化的关键因素。为了帮助学生有效应对这些要求，教学应从以下几个方面进行系统引导。

第一，学生应学会使用各种数据采集、存储、管理和分析工具，从多个数据源中获取并整合相关信息。通过数据的转换、统计和挖掘，学生能够发现设计中潜藏的问题和优化空间。这一技能的培养使学生在实际设计过程中更加高效地识别问题并进行有针对性的优化。

第二，学生应掌握设计概念可视化的工具与技术，这不仅有助于他们准确评估数据的可靠性和有效性，还能通过数智工具主动寻找合适的解决方案。学生能够在此基础上对方案进行合理评估和调整，确保设计决策的科学性和合理性。

第三，批判性分析能力是环境艺术设计教学中的重要内容，学生应学会精准审视数据的有效性，并通过数智工具主动探索解决方案。通过这一过程，学生不仅能评估数据的可靠性，还能为设计方案提供多角度的评判，确保设计方案的可行性和创新性。

第四，在数智技术的支持下，学生应学习如何使用数据驱动的设计工具，充分利用数据支持设计决策和优化设计过程。此外，学生还需了解如何通过数据评估设计效果与影响，提升设计的整体质量和创新性。通过这些工具，学生能够在设计中更加科学地进行决策，推动设计的持续改进。

第五，学生应培养设计伦理意识和社会责任感，理解数智技术在设计中的伦理要求。在学习中，学生需要从人、物、社会的关系角度分析数智技术应用中的伦理问题，确保他们在实际设计项目中能够充分考虑技术的社会影响，并能够将数智技术合理运用到解决社会问题的过程中。

3. 以数智资源为支撑

随着虚拟现实、增强现实等智能硬件设备的快速发展，环境艺术设计正迎来一种新的创作方式。为了使学生充分利用这些智能化工具，环境艺术设计的教学目标应着重强化学生在智能设计、模拟、交互与反馈等方面的能力，并借助智能硬件设备的多维支持，为学生提供全面的创作平台。具体来说，教学目标可以涵盖以下几个方面。

（1）熟练使用虚拟现实和增强现实工具创建三维空间场景。

学生应在教学中学习如何熟练使用虚拟现实和增强现实等智能化设计工具，创建和体验丰富的三维空间场景。通过这些工具，学生能够模拟和演练不同的设计方案，并且可以直观地展示设计成果，进行更高效的设计交流。

（2）利用人工智能生成和优化设计创意。

学生应学习如何使用人工智能辅助设计工具，充分发挥人工智能在创意生成和优化方面的优势。学生通过人工智能工具，可以有效预测和评估设计方案的潜在影响，从更广阔的维度获取设计反馈和建议，帮助他们做出更科学的设计决策。

（3）理解并应用机器学习与深度学习技术。

为了让学生更好地应用智能技术，教学应引导学生深入了解机器学习与深度学习技术的原理以及在设计中的应用。通过计算机视觉模型，学生能精准识别和生成数据，从而确保数据的可靠性，并能更有效地预测设计趋势，优化设计选择，提升设计的可行性和效益。

（4）掌握大数据和云计算的智能化设计平台。

学生需要学习如何使用大数据和云计算等先进的智能化设计平台，这些平台能支持协同设计、资源共享以及智能化设计过程。学生能够通过这些平台实现设计的智能生成、优化、评估和反馈等功能，使设计创作更加高效、智慧。

（二）教学方法的导入

在信息时代高速发展的背景下，我们应意识到教育教学如果不与数智技术结合，那么发展必然会停滞不前。因此，环境艺术设计教学改革成为必然趋势，其过程中涌现出多种先进技术，是今后教学方向的有力助推。通过将数智技术运用到环境艺术设计教学中，有效地焕发教育教学工作新的活力，促进教学工作向着高效化和现代化方向迈进。

1. 教学理念优化

教学理念优化体现在协同创新与开放共享的结合上。协同创新意味着教师和学生共同参与数智技术驱动的教学活动，通过数智技术提供的创意工具、协作平台和创新方法，实现教学成果的创新化生成与展示。在这一过程中，数智技术不仅为教学提供了新的方式，还促使教师与学生之间的互动更加紧密、更加创新。开放共享则强调教学场景的拓展与多元化，教师、学生、社会及环境共同参与其中。通过数智技术的评估系统、反馈机制和可视化工具，教学的开放性和共享性得到提升，实现全方位的教学效果评估。与此同时，学校可以通过建设数智技术在线教学平台，开展面向社会的开放式课程，邀请各行各业的专家、企业及社区成员参与其中，与学生互动交流。

2. 教学方法创新

教学方法创新体现在数字化与智能化的双重发展上。在数字化方面，教师和学生通过数智技术的数据采集、分析、处理与展示功能，可以有效地将教学内容进行数字化呈现与传播。这种方式使得教学内容更加直观、易于理解，同时为学生提供了更多的信息获取途径。在智能化方面，教师和学生通过数智技术的集成能力，可以构建多种类型、形式、层次和风格的教学资源，并根据学生的学习特点、兴趣、进度与目标，进行个性化推荐和智能化匹配，进而优化教学过程。这一智能辅助功能使得教学更加精准、高效，能够满足不同学生的个性化需求。同时，教师可以借助数智技术的分析工具，对教学成果进行数据化的可视化剖析，从而更加全面地掌握学生的学习特征、优势、困难和需求，为学生提供个性化的教学指导和反馈，提升教学效果与学生的学习成效。

3. 构建模式变革

构建模式变革主要体现在多元化与个性化的融合上。多元化的教学模式是通过数智技术，如虚拟现实、增强现实、云计算和物联网等，扩展和丰富教学场景。教师和学生可以利用这些技术构建多样化的教学体验，使教学内容更加生动、互动和沉浸式，增强学习的参与感和实践感。而个性化的教学模式则依托大数据、推荐系统和自适应学习等数智技术，实现教学资源的精确匹配和定制化。教师利用虚拟现实技术，既能创建和呈现真实的三维空间场景，让学生沉浸在不同的环境艺术设计作品中，进而提高学生的空间想象力与创造力；又能建立教学数据库，帮助学生根据个人兴趣和目标，选择最合适的教学资源，如课程、案例、视频和文献等，提升学习的自主性和灵活性。

4. 教学内容重构

教学内容重构主要体现为跨学科化与可持续化。在跨学科化方面，教师应在课程设置中融入数学、计算机科学、数据科学等与数智技术相关的知识，并将这些知识与环境设计美学等传统学科内容结合。这不仅有助于学生掌握基础设计技能，还能提升学生应用数智技术进行创新设计的能力，培养学生的综合性思维，并锻炼学生解决复杂问题的能力。此外，教学内容的可持续化也变得尤为重要。教师和学生可以通过数智技术中的数据可视化工具、算法与生成技术，对不同设计方案的环境和社会影响进行模拟与分析，从而全面评估设计决策的可行性和效果。通过这一过程，学生将深刻理解设计中的社会责任和可持续性问题，提高他们在设计过程中对社会影响的敏感性。教师也能够根据学生的实际表现和反馈，及时调整教学内容，确保教学内容的实时更新与深化，满足学生的个性化需求并应对技术进步带来的挑战。

三、数智技术与环境艺术设计教学创新结合的关键

数智技术与环境艺术设计教学创新结合的关键点在于教学理念、教学内容、教学方法、教学评价等方面，运用数智技术的特征和优势，在教学的前、中、后不同阶段加强教学目标和效果的核心要素。根据数智技术的高度集成、强大智能、广泛连接等特征，可归纳出以下几个关键点。

（一）以数智技术为主线

数智技术与环境艺术设计教学创新结合的趋势正朝着更高层次、更深层次、更广范围发展，这意味着教学理论的不断完善、教学实践的持续有效性提升，以及影响力的逐步扩展。因此，数智技术不仅是现代环境艺术设计创新教学的支撑点，更是推动教学内容革新的核心力量，成为教学的主线和灵魂。

在教学内容的组织与安排上，教师应重点围绕数智技术的基本原理、关键特点、实际应用与未来发展等方面进行系统性的介绍和阐述。通过这种全面的讲解，教师帮助学生建立起对数智技术的整体理解，并使学生熟练掌握数智技术的基本技能，诸如机器学习的基本概念与算法、数据分析方法及可视化工具的使用等。

（二）以人机协作为特色

协作是数智技术与环境艺术设计教学融合的核心优势，它不仅丰富了教学方法，还为提升学生综合素质和提高教学质量提供了关键途径。在环境艺术设计的教学过程中，充分利用数智技术提供的先进协作工具和平台，构建高效、便捷的协作环境与机制，是推动协作效果、增强教学效果的重要举措。借助数智技术，学生能够突破时空的限制，实时共享和交流数据、智能成果与创意，这种协作模式促进了设计的不断迭代和优化。通过这种互动，学生不仅能激发新的灵感，还能在合作中锻炼沟通协调的能力，提升团队协作水平，这将为他们未来的职业生涯打下坚实基础。

为了实现教学成果的广泛传播和推广，教师和学生需熟练掌握多种创意工具与创新技术。这些工具不仅能提高设计效率和质量，还能帮助教师

和学生在更广阔的维度展示与推广设计成果。例如，借助虚拟现实技术和增强现实技术，教师可以创建逼真的环境艺术设计场景，让学生在虚拟空间中模拟和验证设计方案的可行性及效果。这种沉浸式的体验，不仅能帮助学生更直观地理解设计理念，还能激发他们的创新思维和空间想象力。

此外，人工智能和机器学习技术也在环境艺术设计教学中发挥着重要作用。这些智能技术能够辅助设计过程，如自动生成设计方案、提供优化建议、调整局部细节等。通过机器学习对大量设计案例的分析，系统能够识别设计趋势、风格特征及用户偏好，从而为学生提供个性化的设计建议。这种智能化的辅助，大大提升了设计的精度和效率，同时为学生的创意注入了新活力。

（三）以跨学科融合为拓展

跨学科性是数智技术与环境艺术设计创新教学的一大亮点，它突破了传统学科界限，推动了知识与技术的深度融合，成为这一教学模式的鲜明特色。在课程内容设计上，我们不仅融入了环境艺术设计与数智技术相关的学科知识，还广泛涵盖了建筑学、景观设计学、室内设计学、平面设计学及雕塑艺术等领域的内容。同时，我们将社会学、经济学、文化学、生态学等多个学科的核心思想和精华纳入教学体系。这种跨学科的整合，不仅能开阔学生的视野，激发他们的探索精神，还能为他们提供多维度的思维模式和创新启发，极大地增强他们的创新思维能力和实践能力。

在教学实践过程中，我们紧密结合环境艺术设计领域的实际需求与挑战，深入分析社会和行业的关键问题及未来发展趋势。基于这些分析，我们精准设定了教学目标，科学规划了课程结构，并创新性地设计了教学活动。我们的教学模式以数据素养为基础，以智能技能为支撑，以创新能力为核心，力求为学生提供全方位的能力培养。在这种模式下，学生将在精确的数据支持下，运用各种智能化工具和平台，对环境艺术设计进行全面的分析、精准的模拟、持续的优化与高效的实践，并最终通过客观评价衡量设计效果。

在这一过程中，学生将不断提升自己的数据分析能力，学会从大量数据中提取有价值的信息，为设计决策提供科学的依据；他们的智能技术应用能力也将得到显著提升，能够熟练运用最新的智能工具，优化设计方案，提高设计效率与质量；更重要的是，学生将培养强大的创新思维，能够应对复杂多变的环境，创造既符合市场需求又充满创意的设计作品。

（四）以真实项目为核心

真实项目是数智技术与环境艺术设计教学深度融合的关键载体，为传统教学方式注入了新活力，使其精准对接社会和行业的实际需求，推动教学创新。这些项目不仅紧贴现实，还充满了挑战，提供了一个将理论知识转化为实践技能的重要平台。通过参与这些项目，学生能够逐步打造一个与自己职业发展密切相关、内容充实且高质量的作品集。这个作品集不仅是他们创意和学习能力的直观体现，更是增强他们在未来复杂多变工作环境中适应力和自信心的关键所在。

为了最大化真实项目的价值，我们需要构建一个以真实项目为核心、以数智技术为支撑的环境艺术设计教学创新体系。在这一体系中，数智技术不仅是辅助工具，更应成为推动教学创新的核心力量。我们应从实际问题入手，引导学生进行深入思考，明确项目的具体目标；通过设定具体任务，帮助学生在解决问题的过程中不断学习与成长；通过精细化的过程管理，确保项目的顺利实施，并持续提高质量；最终，以成果评价为标准，全面评估学生的学习成果和项目的实际效果。

此外，我们还应为学生创造一个创新和实践兼备的教学环境。通过虚拟现实、增强现实等先进技术的引入，构建数智技术应用场景，让学生亲身体验设计的全过程，直观理解设计的基本原理和方法。这样的环境不仅能激发学生的创造力和想象力，还能帮助他们在解决实际问题的过程中，深化对行业的理解和认知。

在参与真实项目的过程中，学生将不仅能熟练掌握数智技术和环境艺术设计的理论与实践，还能在团队协作、沟通协调等方面得到实战锻炼。这些经验将为他们日后在复杂多样的职业挑战中打下坚实基础，帮助他们迅速成长为行业精英，能够应对未来的各种挑战，并为行业做出创新贡献。

第六章　数智化时代环境艺术设计中数字技术的运用和发展

在数智化时代，数字技术在环境艺术设计中的运用日益广泛且深入。它不仅改变了传统设计方式的烦琐与局限，更带来了前所未有的创意空间与效率提升。通过三维建模、虚拟现实、增强现实等技术，设计师能够以前所未有的直观性和互动性呈现设计成果，使观众身临其境地感受设计的魅力。同时，数字技术促进了设计流程的优化，使得设计修改和迭代更加便捷，大大提高了设计效率和质量。展望未来，随着人工智能、大数据等技术的进一步发展，数字技术将在环境艺术设计中发挥更加重要的作用，推动设计创新，提升用户体验，为环境艺术设计带来更加广阔的发展前景。

第一节　数字环境艺术设计的概况

了解数字环境艺术设计的概况对于设计师和相关领域从业者具有重要意义。首先，了解数字环境艺术设计的概况能帮助我们把握数字环境艺术设计的整体趋势和发展方向，了解最新的设计理念和技术手段，从而紧跟行业步伐，不断提升自己的专业水平。其次，了解数字环境艺术设计的概况能帮助我们更好地把握市场需求和用户需求，为客户提供更优质、更具创意的设计服务。最后，了解数字环境艺术设计的概况能帮助我们拓宽视野，借鉴国内外优秀的设计案例和理念。为自己的创作提供更多灵感和思路。因此，无论是对初学者还是资深设计师来说，了解数字环境艺术设计的概况都是提升自身竞争力和创新能力的重要途径。

一、数字环境艺术设计的兴起

数字环境艺术设计的兴起，标志着艺术与科技融合的全新时代的到来。它不仅为艺术家提供了更广阔的创作空间和可能性，还极大地丰富了观众的审美体验和互动参与感。

数字环境艺术设计借助先进的数字技术，如虚拟现实、增强现实等，打破了传统艺术形式的限制，使艺术作品更加生动、逼真和富有感染力。这种创新的表达方式，不仅让观众身临其境地感受艺术的魅力，还为他们提供了更多参与创作和互动的机会，从而增强了艺术的吸引力和影响力。

数字环境艺术设计的兴起，是艺术与科技深度融合的产物，它标志着设计领域迈入了一个全新的发展阶段。这一新兴领域不仅融合了文字、图像、影像、声音、灯光、交互行为等多种元素，还借助数字媒体技术，创造出了一个可控制的环境空间，为观众带来了前所未有的审美体验和互动感受。

数字环境艺术设计完全依靠设计创意人员的智慧、技能和天赋，同时借助数字媒体高新科技对建筑空间智能化设计进行创造与提升。它打破了传统艺术设计的界限，让设计师以前所未有的方式表达创意，实现更加复杂和精细的设计构想。

数字环境艺术设计的兴起是设计领域的一次革命性变革，它以独特的魅力和无限的可能性推动了相关产业的快速发展。从数字媒体技术到建筑设计、装饰设计及弱电设计等多个领域，数字环境艺术设计都发挥着越来越重要的作用。它不仅为观众带来了更加丰富的视觉和交互体验，还为设计师提供了更加广阔和多元的创作平台。随着数字技术的不断进步和应用范围的扩大，越来越多的领域开始融入数字环境艺术设计的元素，如展览展示、文化旅游、商业空间等。这不仅促进了产业的升级和转型，还带动了经济的增长和社会的进步。

总之，数字环境艺术设计的兴起具有深远意义，它不仅改变了艺术的表现形式和传播方式，还推动了科技与文化的深度融合，为人们的生活带来了更多美好和便利。

（一）数字技术的发展概况

数字技术是指通过高科技设备（如卫星、计算机和电子设备等）传输和处理"0"与"1"编码信息的一种技术。调制解调、数码压缩、数字编码等，都属于数字技术的一部分。随着数字技术的发展，越来越多的现代概念开始浮现，如"数字城市"和"数字星球"，这些都代表了人类开始用数字技术定义和构建我们生活的环境。数字技术的迅速进步，深刻地改变了人类的生活方式，尤其在娱乐、科学研究和工程技术领域，数字技术提供了巨大的推动力。

作为一门历史悠久的学科，环境艺术设计也迎来了与数字技术的深度融合。这一融合不仅重新定义了传统设计的方式，还大大提升了设计效率和创意的实现。过去需要手工绘制的设计图纸，现在可以通过计算机技术轻松完成，且设计过程更加直观和便捷。设计师能够更灵活地进行修改与调整，从而更好地实现他们的创意和设计思路。CAD不仅极大地提升了工作效率，还为设计师提供了更广阔的创作空间，让他们的设计思维更加自由地展现在作品中。接下来，笔者将进一步探讨数字技术如何为环境艺术设计带来全新的方法和表现形式。

（二）数字环境艺术设计的传播方式

数字环境艺术设计的兴起，离不开计算机技术的迅猛发展和数字媒体技术的广泛应用。计算机技术不仅为设计师提供了高效的设计工具，也为艺术创作和作品传播提供了更多的可能性。数字媒体技术则凭借独特的互动性和沉浸感，能够让观众身临其境地体验艺术作品，增强了艺术的表现力和观赏性。在这样的技术背景下，数字环境艺术设计迅速崛起，并成为设计领域备受关注的新兴方向。

数字技术在环境艺术设计中的应用，实际上可以追溯到古代的思想探索。例如，中国古代的"太极生两仪，两仪生四象，四象生八卦"，以及"数理美学"思想，都可以视作对数字设计的初步探讨；西方的蒙特利安也曾提出过"数理美学"理念，这些思想为数字化设计的发展奠定了哲学基础。计算机的诞生将这些理论探索转化为现实，从而催生了数字环境艺术设计。通过计算机技术，环境艺术设计中的传统手工绘制方式被逐步取代，设计师开始运用数字工具进行创作，这不仅提高了工作效率，还带来了许多全新的表现形式和展示手段。例如，虚拟现实技术的应用，为观众带来了身临其境的体验，使数字艺术作品的表现力和互动性得到了大幅提升。

随着数字技术的不断进步，CAD等工具逐渐成为设计领域的标配。这些工具最初被应用于工程领域，但在环境艺术设计中也发挥了重要作用，推动了设计方法的革新。如今，数字技术的应用不仅限于CAD，还包括计算机辅助制造（CAM）、虚拟现实、计算机辅助工程（CAE）、GIS、智慧环境（Smart Environment）等多个领域。这些技术在建筑设计、园林设计、室内设计等领域的广泛应用，使设计工作变得更加智能化和数字化。随着环境艺术设计逐步走向数字化，越来越多的设计项目开始依赖数字技术的辅助，这一趋势被称为"环境设计的数字化"，它为设计行业带来了新的变革和机遇。

从20世纪90年代开始，很多专门用来进行设计的软件功能越来越强大，各个设计专业都具备了用于专业设计的专业软件，传统环境艺术设计中需要手工绘制的各种图纸、设计图现在利用计算机可以方便快捷地得到展现，不仅直观，而且方便设计师进行修改，使设计师的设计思维最大限度地体现于作品之中。

数字环境艺术设计的传播，是艺术与现代科技完美结合的典范，它不仅改变了传统艺术设计的传播方式，更为艺术创作和审美体验带来了革命性的变革。随着计算机技术的飞速发展和数字媒体技术的广泛应用，数字环境艺术设计逐渐从理论探索走向了实践应用，其传播方式也经历了从传统到现代的华丽转身。

1. 互联网传播

互联网是数字环境艺术设计传播的重要渠道。设计师可以将自己的作品上传到各种在线展览平台、数字艺术社区或社交媒体上，让全球范围内的观众都欣赏到他们的作品。这种传播方式不仅打破了地域限制，还极大地提高了艺术作品的曝光度和传播效率。同时，观众可以通过互联网与设计师进行互动，提出自己的意见和建议，从而推动艺术作品的不断完善和创新。

2．虚拟现实技术和增强现实技术传播

虚拟现实技术和增强现实技术是数字环境艺术设计传播的一种重要方式。通过佩戴虚拟现实头显或增强现实眼镜，观众可以身临其境地进入设计师创造的艺术空间，感受作品的氛围和意境。这种沉浸式欣赏方式不仅让观众获得了更加真实的审美体验，还为设计师提供了更加广阔的创作空间。例如，一些数字艺术展览就采用了虚拟现实技术，让观众在虚拟空间中自由漫游，欣赏各种艺术作品。

3．数字媒体艺术装置传播

数字媒体艺术装置是数字环境艺术设计传播的一种创新形式。这些装置通常结合了多种数字媒体技术，如投影、LED屏幕、传感器等，创造出具有强烈视觉冲击力和交互性的艺术作品。这些装置可以放置在购物中心、博物馆等地方，吸引大量观众驻足观看和互动。通过这种方式，数字环境艺术设计得以更加直观地展示给观众，同时为城市文化增添了新的亮点。

（三）数字环境艺术设计传播的意义

数字环境艺术设计的传播意义深远，不仅推动了艺术形式的创新，打破了传统传播界限，使艺术作品以更生动、互动的方式呈现给全球观众，拓宽了审美体验与互动参与的边界，而且促进了文化产业与科技的深度融合，带动了相关产业的发展，为经济增长注入了新动力。此外，数字环境艺术设计的传播还加强了文化交流与理解，让不同文化背景的人们共享艺术之美，促进了全球文化的多样性和包容性。总之，数字环境艺术设计的传播对于艺术发展、文化传承与经济发展都具有重要意义。

1．推动艺术创新与发展

数字环境艺术设计的传播推动了艺术的创新与发展。通过数字媒体技术的运用，设计师可以创造出更加多样化和有趣的艺术作品，打破了传统艺术形式的界限。同时，数字环境艺术设计的传播促进了不同学科之间的交叉融合，为艺术创作提供了更多的灵感和可能性。这种创新性的传播方式不仅丰富了艺术的表现形式，还为艺术的发展注入了新活力。

2. 拓宽审美体验与互动参与

数字环境艺术设计的传播拓宽了观众的审美体验与互动参与。通过虚拟现实、增强现实等技术，观众可以身临其境地感受艺术作品的魅力，获得更加真实的审美体验。同时，观众可以通过互联网等渠道与设计师进行互动，提出自己的意见和建议，从而参与艺术作品的创作和完善。这种互动式的传播方式不仅增强了观众的参与感和归属感，还为艺术作品的传播和普及奠定了更加广泛的群众基础。

3. 促进文化产业与经济发展

数字环境艺术设计的传播促进了文化产业与经济的发展。随着数字媒体技术的广泛应用和观众审美需求的不断提高，数字环境艺术设计逐渐成为文化产业的重要组成部分。各种数字艺术展览、数字媒体艺术装置等文化活动的举办，不仅丰富了城市文化生活，还为文化产业的发展注入了新动力。同时，数字环境艺术设计的传播带动了相关产业的发展，如数字媒体技术、虚拟现实技术等领域的快速发展，为经济提供了新的增长点。

随着数字媒体技术的不断发展和观众审美需求的不断提高，数字环境艺术设计的传播将会迎来更加广阔的发展前景。

二、数字环境艺术设计的创作条件

掌握数字环境艺术设计的创作条件具有深远意义。它有助于设计师更好地理解并应用先进的技术手段，从而创作出既符合审美需求又具备实用功能的艺术作品。在数字环境中，各种设计软件、虚拟现实技术等为设计提供了无限可能，而掌握这些创作条件则是实现这些可能的基础。了解创作条件有助于设计师在面对不同项目需求时，能够灵活选择合适的工具和方法，提高工作效率，同时保证设计作品的质量和创意性。

随着数字技术的不断发展，掌握数字环境艺术设计的创作条件也是设计师保持竞争力、跟上时代步伐的关键。只有不断学习、探索新的技术和方法，设计师才能在激烈的市场竞争中脱颖而出，创作出更多令人瞩目的作品。

因此，对每位从事数字环境艺术设计的设计师来说，掌握创作条件是至关重要的。

（一）硬件设备

数字环境艺术设计向受众进行展示的平台已经不是传统意义上的展台、图纸或其他承载工具，而是基于计算机技术的各种支持设备，有着非常强的交互性，能使受众有着身临其境的感觉。当然，这些特殊的计算机支持设备也有着自身的独特要求。

1. 计算设备

（1）计算机。

数字环境艺术创作通常需要使用高性能的计算机来处理复杂的图形和渲染任务。合适的计算机配置应包含强大的处理器（如英特尔Corei7或Corei9系列，AMDRyzen7或AMDRyzen9系列）、足够的内存（至少16吉字节，理想情况下32吉字节更佳）、专业的显卡（如NVIDIARTX30系列或AMDRadeon系列）以及足够的存储空间（至少512吉字节的固态硬盘）。

（2）平板电脑。

平板电脑可以用来画平面图和草图，特别是汇报方案或有新想法时，使用平板电脑十分方便。

2. 输入设备

（1）数位板。

数位板如绘王、Wacom等品牌的产品，可以模拟传统绘画的笔触和压感，方便设计师在数字环境中进行绘画创作。

（2）数码相机。

数码相机用于捕捉现实环境中的图像素材，以便在数字艺术创作中使用。

（3）扫描仪。

扫描仪用于将纸质或其他介质上的图像转换为数字格式，方便后续处理和创作。

3. 输出设备

（1）显示器。

高分辨率的显示器（至少1920像素×1080像素全高清）能够提供更准确的颜色显示和更清晰的图像细节，有助于设计师更好地把握作品的色彩和构图。IPS面板的显示器能够提供更广阔的视角和更准确的颜色表现。

（2）打印机。

打印机用于将数字作品打印出来，以便进行实体展示或进一步处理。

综上所述，数字环境艺术创作的硬件设备涵盖了计算设备、输入设备和输出设备等多个方面。这些设备共同构成了数字环境艺术创作的基础平台，为设计师提供了丰富的创作手段和广阔的创意空间。

（二）软件设备

数字环境艺术创作的软件设备在创作过程中起着至关重要的作用，它们为设计师提供了强大的工具和平台，以实现创意和构思。以下是一些常用的数字环境艺术创作的软件设备。

1. 3D建模软件

（1）Maya。

Maya是行业领先的3D计算机图形软件，功能全面且高效，被广泛应用于电影、电视、广告、游戏等领域。它提供了丰富的建模、动画、渲染和特效工具，能够帮助设计师创造出逼真的三维场景和角色。

（2）Blender。

Blender是一款开源的3D图形软件，具备建模、渲染、动画、后期合成等一系列功能。它以独特的界面设计和强大的功能而著称，尤其适合低成本制作和独立艺术家使用。

（3）3DsMax。

3DsMax是专为游戏、影视和广告行业设计的3D建模软件，以其高效的建模流程和强大的渲染引擎而闻名。它提供了丰富的工具和插件，能够帮助设计师快速创建复杂的三维场景和角色。

2．2D绘图与图像处理软件

（1）Photoshop。

Photoshop是一款专业的图像处理软件，被广泛应用于平面设计、摄影后期、UI设计等领域。它提供了丰富的绘图和编辑工具，能够帮助设计师制作出高质量的图像作品。

（2）AdobeIllustrator。

AdobeIllustrator是一款矢量图形设计软件，以其强大的绘图和排版功能而著称。它适用于制作标志、图标、插画等矢量图形，也常用于制作环境艺术设计分析图。

3．渲染与后期处理软件

（1）V-Ray。

V-Ray是一款高质量的渲染软件，支持多种3D建模软件，如Maya、3DsMax等。它以逼真的渲染效果和高效的渲染速度而闻名，是许多设计师的首选渲染工具。

（2）Enscape。

Enscape是一款实时渲染软件，以其通透的渲染效果和快速的渲染速度而受到设计师喜爱。它适用于建筑、景观、室内等环境艺术设计的渲染和展示。

4．辅助设计软件

（1）AutoCAD。

AutoCAD是一款专业的CAD软件，被广泛应用于建筑设计、机械设计等领域。它提供了精确的绘图和编辑工具，能够帮助设计师绘制规范图纸，为后续建模、渲染等工作打下基础。

（2）SketchUp。

SketchUp是一款简单易用的三维建模软件，适用于快速创建三维模型和场景。它以直观的界面设计和丰富的素材库而受到设计师喜爱，常用于建筑、景观等环境艺术设计的初步构思和展示。

数字环境艺术创作的软件设备涵盖了3D建模软件、2D绘图与图像处理软件、渲染与后期处理软件、辅助设计软件等多个方面。这些软件设备为设计师提供了丰富的工具和平台，以实现创意和构思，创作出高质量的数字环境艺术作品。

第二节　数字环境艺术设计的内涵解析

数字环境艺术设计的内涵解析，对于全面把握该领域的核心价值与独特魅力具有深远意义。它帮助我们深入理解数字技术与艺术创作如何深度融合，创造出既富有科技感又蕴含深厚文化底蕴的艺术形式。这一过程不仅揭示了数字环境艺术设计在技术创新、审美表达及用户体验方面的独特优势，还促进了艺术与科技领域的交叉融合，推动了创意产业的蓬勃发展。此外，数字环境艺术设计的内涵解析有助于设计师提升创作理念，激发创新思维，使作品更加贴合时代需求，引领未来设计潮流。因此，深入探索数字环境艺术设计的内涵，是提升设计品质、拓展艺术边界、促进文化传承与创新的关键所在。

一、现代数字环境艺术设计的特点

在现代设计领域，运用数字技术的手段表现设计方案成为主流趋势。数字技术不仅极大地丰富了设计表现的形式，还显著地提高了设计方案的准确性和传达效率。通过静态图像和虚拟现实的交互性，数字技术能够为我们呈现出具有高度真实感的设计方案，使人们在未实际建造或制作之前就感受到设计的体量感、材质感、空间感和色彩感。

通常，我们将数字化的表现技术细分为三类：相关软件运用技术、相关表现程式及相关表现处理技术。这三类技术无不融合了软件操作技术、审美意识和工程技术知识，体现了数字技术在环境艺术设计中的综合运用。例如，我们日常见到的AutoCAD、3Dmax、Photoshop等各类设计软件，都在环境艺术设计领域发挥着举足轻重的作用。

这些软件不仅具备强大的设计功能，还包含丰富的设计元素处理技术，如材质、色彩、光线、型号等。设计师可以利用这些软件对设计空间进行精细化的处理，使设计方案更加完善、更加符合实际需求。从这一点来看，数字化表现技术无疑大大促进了设计行业的发展，减轻了设计人员繁重的工作量，提高了设计效率。

在运用这些数字化表现软件的过程中，我们还可以直接让业主、施工方预览设计师的设计效果和思想。这种直观的呈现方式有助于三方在动工之前就对设计方案进行深入了解和沟通，从而确保设计方案能够顺利实施，并在实际建造或制作过程中达到预期的效果。因此，数字环境艺术设计不仅提升了设计的准确性和传达效率，还促进了设计、施工、业主之间的沟通与协作，共同推动设计项目的成功完成。

从数字化表现技术的优势来看，它具有以下几个特点。

（一）设计方案优化的便利性

在传统的环境艺术设计中，效果图的制作依赖手工操作，这种方式不仅费时费力，还在面对细节调整时显得极为烦琐。设计师常常需要投入大量的精力、时间及资源修改和完善效果图，且有时一个小小的修改就可能导致整个设计图的推翻，给设计过程带来极大的困扰。然而，数字化表现技术的出现改变了这一现状，为设计师提供了更高效、便捷的创作方式。

数字化表现技术赋予了设计师前所未有的灵活性，使得他们能够轻松地对效果图进行调整和完善。无论是针对局部细节的修改，还是对整体设计的调整，设计师都能在短时间内发现问题并迅速解决。这种效率的提升，不仅让设计师的工作变得更加轻松，也使得设计作品更精确地契合实际需求，从而提高了市场的竞争力和客户满意度。

数字环境艺术设计的一个基础，是对各种数字资源的有效使用。在设计过程中，图片、数字等资源构成了设计的核心物质元素，这些资源只有进行数字化处理才能适应计算机的要求。通过对这些资源的分类和整理，设计师能够更加高效地利用它们进行创作。资源分类的简化使得设计流程更加高效，而数字化转换则是确保计算机能够准确处理和存储这些信息的关键。

数字环境艺术设计的另一个基础，是运用数字化运算与计算机网络技术进行信息交互。以灯光设计为例，设计师可以直接调用来自生产厂商的光线源文件，这些文件基于光源的物理特性，如亮度、辐射范围等，进行精确模拟。

（二）设计方案整合的便利性

在传统环境艺术设计中，绘制效果图通常依赖手工，不仅流程复杂而且耗费大量资源，尤其是在细节需要修改时，设计师可能会面临巨大的成本和时间压力。更令人头疼的是，一次小小的改动可能需要重新绘制整个设计图，严重打击设计师的创作热情，降低工作效率。然而，随着数字化表现技术的引入，设计工作变得更加高效且灵活，显著缓解了这一困境。

数字化表现技术为设计师提供了更加便捷的工作平台，使得效果图的修改和完善不再是繁重的任务。无论是针对局部问题，还是整体设计的调整，设计师都能在短时间内发现并进行改进，极大地减少了重复性劳动并提高了设计效率。此外，数字化表现技术使设计方案的整合与优化变得更加简单，设计师可以在不同的方案之间进行比较，从而使最终作品更加完善。虽然数字化表现技术带来了便捷，但在色彩、材质和比例等方面，计算机表现得过度精确也可能会抹去设计中的某些模糊性与随机性，影响设计的个性与灵感的发挥。

此外，很多设计师在使用设计软件时面临着一定的挑战。对一些不熟悉软件的设计师来说，软件操作的不便及某些软件功能的局限，可能会阻碍他们将创意与设计理念转化为实际作品。这些问题限制了设计师的创作空间，因此除了要享受数字化表现技术带来的高效，设计师还要不断提升软件操作技能，掌握软件的多种功能，以便能够更加灵活地使用这些工具。同时，设计软件的开发者应该根据设计师的需求，不断优化软件，增加更多实用功能，以更好地支持设计师的创作需求。

以室内设计为例，电器设施和家具设备的布局问题，往往会导致室内空间设计与实际需求不符。在传统设计方法中，这需要重新绘制设计图纸，而使用数字化表现技术后，设计师只需要调整相关参数和流程，即可迅速做出修改。这样的方式不仅节省了大量时间，还使设计方案变得更加灵活，便于与客户、受众及施工人员进行高效沟通。通过数字化表现技术，设计师能清晰地传达自己的设计理念，受众也能更精准地提出需求，避免误解和沟通障碍。而对施工人员来说，数字化效果图直观、修改便捷，使得他们在实施过程中能够减少错误，确保施工质量，从而有效降低成本，提升施工效率，确保设计方案的顺利实施和高质量完成。

（三）内涵表达互动的直观性

在环境艺术设计领域，设计图纸是设计师理念表达的关键媒介。它不仅是设计师思想的具象化展示，更是他们与客户、施工团队等各方之间沟通的纽带。图纸的完整性、精致程度及表达的清晰度，都会直接影响设计理念的传达效果。因此，设计师在使用设计软件时，必须精心整合所有设计元素，以充分展现设计作品的各个层面，这既考验了设计师的专业能力，也决定了他们如何高效地利用软件功能进行创作。

首先，环境艺术设计作品的创作过程往往建立在客户需求基础上，同时融合了设计师的独特创意。设计师必须始终尊重客户的需求和意见，无论是在设计过程中，还是在最终成品的形成阶段，抑或是设计作品所要实现的功能，都应得到客户的认可。实际上，设计过程是一个与客户不断沟通、相互理解的过程，其中，设计图纸发挥了至关重要的作用。设计师通过图纸能清晰地表达自己的创意；而客户也能通过图纸对设计师的构思有更深理解，从而提供反馈与建议，使设计不断得到优化。

其次，环境艺术设计的复杂性远超其他艺术形式。设计师在方案制定阶段，必须充分了解和评估客户的需求，并精确表达自己的设计思想。如果在这一阶段未能与客户达成有效共识，或因沟通不足而产生误解，设计过程就会面临不必要的返工、重新绘制图纸等问题。这不仅会增加设计成本，还会影响到设计的进度与最终质量。因此，设计师应在设计初期就对设计方案的可行性进行充分论证，并准确预测设计完成后能够达到的效果。通过图纸的精准呈现以及设计师的详细说明，可以帮助客户更好地理解设计方案，减少后期可能出现的误解和不必要的冲突，确保设计项目能够顺利推进。

最后，环境艺术设计涉及的施工环节同样至关重要。设计方案的实施是否符合预期效果，直接关系到整个设计是否成功。因此，设计师不仅要与客户保持紧密的沟通，还要与施工人员进行有效的互动。设计图纸中涉及的细节、材料的选择、色彩搭配及技术实现等，都与设计师的创意和意图息息相关。如果在施工过程中这些细节没有得到准确执行，设计作品就会失去原有的效果，甚至导致整个项目的失败。

以一块带有花纹的黄色地板为例，黄色这一色彩本身具有不同的色调变化，如浅黄色、深黄色等，每个人对这些变化的感受都可能不同。亮度、色泽等的处理方式也因个人感知而异，这种对色彩的感受通常是主观的、难以言表的，并非能够简单量化的标准化数据。因此，在将设计理念转化为实际施工的过程中，色彩的表达常常容易产生误解和偏差。

然而，许多施工人员可能缺乏足够的专业背景，难以准确把握设计师的意图。为了克服这一困难，设计师需要通过制作详细且直观的设计图纸传达自己的设计理念。这些设计图纸不仅应展示设计的色彩、材质和纹理，还应清晰标明空间布局等关键元素，确保施工人员能够通过图纸中的视觉效果准确理解设计师的创意，避免施工中出现偏差。

直观的设计图纸能够帮助施工人员更好地理解设计师的意图，并在实际操作中更精确地还原设计效果，避免误解带来的施工问题。这样，设计师的创意能得到准确传达，最终的施工成果也能更好地展现设计原貌。因此，设计师与施工人员之间的有效沟通和互动，是确保设计作品得以成功实施的关键因素。

在环境艺术设计的实施过程中，除了与客户保持有效的沟通外，设计师还需要与施工人员紧密合作。通过精确、详细的设计图，设计师能确保自己的设计理念在施工过程中得到准确呈现，从而创作出更加完美的作品。数字化表现技术的应用，使得环境艺术设计的沟通性大大提高。数字化图像和效果图将设计师的创意更加清晰直观地展示出来，帮助客户和施工人员快速理解设计方案，促进设计理念的落实，最终推动项目的顺利完成。

二、环境艺术设计思维的数字化

在数字化时代，环境艺术设计的本质已经发生了根本性变化。技术与设计的融合成为这一领域的核心，数字技术带来的变革影响深远。通过研究数字技术在环境艺术设计中的应用，不仅可以启发设计师的创新思维，还可以激发他们的想象力和创造力，为培养适应当代需求的专业设计人才奠定基础。传统上，环境艺术设计依赖图示信息作为主要表达手段，尤其在设计的构思、分析和表达过程中，图示信息的作用不容忽视；现如今，借助数字技术的各类工具，展示和呈现图示信息已成为主流，这一趋势正在深刻地影响和改变着设计思维。

随着科技的不断发展，不同历史时期采用的技术工具也存在显著差异，这些差异直接影响了设计师的思维模式。从传统的手工图纸、手绘图和模型等手段，到如今广泛使用的数字技术，设计师传递设计意图的方式经历了革命性转变。数字技术的成熟，不仅使环境艺术设计的表达方式更加精确和直观，也使设计师的思维方式发生了颠覆性变化。

环境艺术设计的思维方式正在随着设计媒介的变革及技术进步不断演化。从传统的纸笔图示到如今数字技术的广泛应用，这一变化背后不仅有数字化时代带来的强大影响，也反映了受众对美学需求的不断提升。数字化工具为设计师提供了更加高效、灵活的创作方式，同时使他们更好地与客户、受众及施工团队进行互动沟通，确保设计意图的准确表达，从而推动设计行业的进步与创新。

（一）传统环境艺术设计思维的演化和分类

随着社会经济的不断发展和科技的不断进步，人类的思维模式和思维体系也经历了持续演变，从而呈现出多元化的趋势。从早期的拟人化思维结构到人类逐步掌握自发性辩证思维，尤其是在近现代，科学技术不断取得突破，诸如能量守恒定律、进化论、细胞学等理论的诞生，再到现代信息数字技术的快速飞跃，整个思维方式逐步完成了从量到质的转变。

思维本身是一个极其复杂且动态的过程，其演化路径也各具特点。根据探索方向的不同，思维可以分为聚集式思维和发散式思维，它们代表了不同的思考方式和过程。同时，思维结构的不同会衍生出各种不同的思维活动，尤其在艺术领域，直觉、灵感与顿悟等特质成为思维活动的重要表现。在最初的环境艺术设计阶段，思维主体主要由自然人个体的独立创作主导，随着时间的推移，设计思维逐渐转向人与人之间的协作，集体的智慧逐步成为主导力量。时至今日，数字技术的迅速发展使得计算机和人类的协作成为新的思维模式，开辟了全新的设计思维领域。

现代环境艺术设计的思维方式，一方面继承了经典设计思维的核心理念与方法论；另一方面在现代科技的推动下，融入了诸多新的成果，催生了大量新的设计表现手法和创意思维。这些创新的技术手段和表现形式，不仅提升了设计的互动性和灵活性，也为设计师提供了更多的创作工具和表现空间，推动了环境艺术设计的发展与创新。

（二）传统的图示思维及其局限性

在环境设计中，视觉和空间形式不仅是设计的起点，往往也成为最终的目标之一。环境艺术设计的思维过程融合了多种思维方式，其中，视觉思维占据着重要地位。设计师的思维活动通常是一个互动的过程，既有自身的创造性思考，也与他人的思想互动相结合。在这一过程中，设计师通过图示表达将自己的设计理念具象化，并通过不断的视觉反馈进行修正与优化，推动设计的不断发展。

在传统的设计思维中，图标与图示常常依赖手工草图、物理模型和平面图纸等方式传达设计意图。这些工具能够使设计师清晰地表达和沟通设计理念，因此图标作为设计思维的一种载体，几乎是自然而然地出现并成为不可或缺的部分。

图标的媒介演变经历了长时间的积淀，形成了独特的表达体系和设计方法。这些方法和思维理念通过图形语言理论得到发展，图形语言并不是固定不变的，而是充满了灵活性和创造力。设计师不仅可以根据需要安排不同的符号系统，借助身体语言、口语符号等，还可以从数学、工程学、测绘学等学科中汲取有益元素，形成符合自身设计需求的有效图解方法。

尽管传统图示思维方式在环境艺术设计中占据着重要位置，但也存在一些不可忽视的局限性。例如，设计师可能会在创意的初期阶段遇到瓶颈，尤其是当构思还处于萌芽阶段时，经验不足或表现技巧的欠缺，使创意无法完整地呈现出来，从而导致设计被"卡住"。此外，传统图示的视觉局限性也使得设计师难以准确表达三维空间，往往将立体设计误导为平面设计。

（三）从图示思维到数字化思维

在数字化时代，设计师的工作方式受到先进数字技术的深刻影响，这种变化直接改变了我们对于设计理念的思维模式。CAD的广泛应用，已经不再局限于传统的手绘图示形式，而是通过计算机模拟与推演，将设计师的创意以虚拟三维形式展现于数字环境中。这样不仅能更好地表达设计师的意图，还能增强观众的共鸣，从而实现设计目标。这一现象被称为"数字化思维"。

在传统设计过程中，设计师需要通过各种媒介将理念转化为具体的设计方案。这些媒介，如草图手绘、建筑模型等，扮演了将设计思维呈现出来并反馈修改的重要角色。在这一过程中，媒介的直接性和设计师本身的思维反馈能力至关重要。设计师通过与媒介互动，不断完善和调整设计，最终完成设计方案。

然而，在数字技术尚未普及的早期，数字化思维并没有受到设计界的足够重视，它通常只被作为设计作品最终输出的工具。随着数字技术的普及，数字化设计逐渐成为主流，特别是在与观众的实时互动和虚拟建模的实时修改过程中，数字技术的运用变得愈加重要。数字化媒介不仅为设计师提供了更精确的反馈机制，而且在一定程度上颠覆了传统图示设计的方式。

数字媒介的革命性突破，使得传统媒介技术扮演了全新的角色，带来了极大的变革。它集元素化、互动性、智能化、选择性、主动性与简洁化的优点于一身，为设计师提供了更加精确且高效的创作手段。数字化的运用突破了传统设计方法的局限，给予设计师更大的创新自由，推动设计领域走向更加多样化、富有诗意的方向，极大地丰富了设计作品的表现形式。

三、数字环境艺术设计的过程分析

数字环境艺术设计作为创意与技术相融合的过程，贯穿了从概念到现实的整个设计链条。通过对空间需求的深刻理解与分析，设计师利用三维建模软件将抽象的设计理念转化为具体的虚拟模型。在这个过程中，设计师通过反复调整、修改模型，加入光影、材质等细节，最终营造出令人震撼的虚拟环境。数字技术在其中扮演着至关重要的角色，它不仅提升了设计的精准度和高效性，还让设计师有了更多可能性去探索创意的边界，推动设计走向更加丰富和精细的方向。通过精细地推敲与验证，设计师最终能够呈现出技术与艺术完美融合的作品。

（一）方案构思

方案构思是数字环境艺术设计的基础阶段，它涉及设计师在艺术创作过程中进行的一系列思维活动。设计师需要在这个阶段选定设计主体，确定设计题材，并构思设计的结构与布局。优秀的方案构思是将设计师的创意和理念具象化的重要步骤。它不仅反映了设计师的思维过程，也是整个设计成功的起点。

（二）场景构思

在环境艺术设计中，设计和环境之间的互动至关重要。每个设计都处于不断变化的环境中，而这些环境在不同的地区、文化和人群中都有着不同的特点。设计师需要在构思过程中充分考虑环境的因素，使设计与周围的空间、文化和人群特点相契合。设计与环境的完美融合，能够增强设计作品的表现力和感染力。

（三）主体构思

每个设计都有一个核心主体，这一主体是设计的中心和灵魂。在数字环境艺术设计的过程中，明确主体的作用不可忽视。设计师需要详细分析主体的功能需求、形态特征及所处的环境条件，这些分析将为设计提供明确的方向。数字化环境艺术设计要求设计师根据不同主体的特性，结合现代科技手段进行数据分析与计算，确保设计能够精确符合需求，并最大化展现其特性与优势。

（四）市场情况调研和评估

在当今市场经济主导的社会中，一件设计作品的价值和成功与否，往往是由市场反响决定的，而非由某个机构或权威进行评定。因此，市场情况调研和评估在设计过程中的重要性不言而喻。设计师只有对目标市场的需求、趋势及变化有充分了解，才能在创作过程中确保设计作品符合市场的实际需求。通过对市场情况的深入调研，设计师不仅能明确消费者的需求，还能根据市场动态进行相应的调整，使得设计方案更具竞争力。此外，市场调研还包括对设计成本的准确评估。设计师需要了解市场上对不同档次和品质设计作品的接受程度，以及消费者对价格和价值的敏感性。仅凭个人的主观判断进行设计，往往会导致设计偏离市场实际需求，进而影响设计的成功与否。环境艺术设计不仅是艺术创作，还是一种面向市场的产品设计。尽管设计师应保持个人风格和创意特色，但在考虑设计方向时，市场需求必须被视为重要依据。设计师只有学会站在市场角度进行思考，深入了解目标市场，知晓消费者需求和偏好，才能更好地为特定市场服务，从而确保作品的成功。

（五）消费心理及流行趋势预测

随着时代的发展，消费者的审美心理和消费需求也在不断变化，设计师在进行创作时，必须紧跟流行趋势，具备敏锐的时尚嗅觉。了解并预测消费心理，能够帮助设计师预测未来趋势，从而为设计作品赋予更大的市场吸引力。设计不仅是对功能和美学的追求，更是对市场需求的响应。一个成功的设计作品，不仅要体现设计师的个性和创意，还要能够与社会和消费者的需求产生共鸣。设计师在创作过程中，需要做到既有个性，又能与市场流行趋势和消费者心理需求相契合。理解并抓住消费者心理、流行趋势，将会使设计作品在市场中更具竞争力。数字技术为环境艺术设计提供了前所未有的创新平台，它的互动性、智能化、选择性及精准性，都极大地提高了设计的效率和表现力。利用这些数字化工具，设计师可以在更短时间内完成更加精准、细致的设计，不仅满足市场的需求，也为消费者提供符合其审美和使用需求的作品，保持市场竞争力。

第三节　数字技术在环境艺术设计中的应用

随着数字技术的快速发展，它在环境艺术设计中的作用愈加重要。设计师现在能够运用三维建模、虚拟现实和渲染等先进工具，将他们的创意想法转化为生动、真实的虚拟空间。这些技术不仅能使设计更精准和高效，还能帮助客户提前体验设计效果，促使他们在设计过程中有更多的参与感，从而做出更符合需求的决策。同时，数字技术的应用提供了丰富的素材资源和灵活多样的表达方式，使得设计作品更加丰富多彩，可以满足不同客户的独特需求和审美标准。

一、数字技术在建筑设计中的运用及影响

数字技术已经在建筑设计领域得到广泛应用，它不仅提高了设计的精准度，也大幅提升了工作效率。借助三维建模、参数化设计及虚拟现实等先进技术，设计师可以更迅速地表达出设计理念并进行调整，使设计过程更加高效和精确。同时，这些技术工具使得设计团队更顺畅地合作，显著降低了沟通障碍和错误发生的概率。客户也能通过沉浸式体验，更真实地感受到设计效果，从而对方案有更直观的理解和反馈。除此之外，数字技术还能对建筑性能进行优化，尤其是在能源效率和环境保护方面，帮助减

少能源消耗并降低环境影响。

（一）传统建筑设计的方法过程——单向线性

在建筑设计的整个发展过程中，通常涉及分析研究和综合评价等一系列步骤，这些步骤对应着不同设计阶段对设计对象的不同层次抽象化处理。传统建筑设计的表现方式主要依赖图示信息，尤其是设计初期，图示往往基于初步的分析研究结果，呈现出非具体的二维分析图形，这些图形通常充满抽象性并且较为不稳定。随着设计过程的推进，设计者对收集到的资料和信息进行整理分析，相关的理论和设计思想逐渐丰满，图示信息的逻辑性和条理性逐步增强，体现了具象思维与抽象思维之间的互动和融合。在这一过程中，设计方案变得越来越明确，设计要求也逐渐增多，图示的表达方式也开始向更高的标准和多样化发展，如出现了平面图、立面图、剖面图等带有明确尺寸和细节的形式，同时，透视图、轴测图、鸟瞰图等形式的表现更加形象生动，实体模型也开始以一种直观且易于理解的方式出现。

传统图示设计的主要功能在于，将设计理念从抽象的概念转化为更加具体的形态。例如，建筑设计中的透视草图通常通过图像表现建筑空间的某一特定视角，从而让人们更直观地理解设计意图。尽管传统的图示思维方式在表达上具有不可替代的优点，但它同样存在明显的局限性。设计师往往面临着一些全新的构思阶段，但因为缺乏足够的经验和表达技巧，某些创意无法充分呈现，进而夭折。此外，传统图示由于二维的表现局限性，容易将三维空间的表现误解为平面，出现空间感丧失。

（二）数字技术在现代建筑设计方法过程中的运用

在建筑设计的初期阶段，为了克服传统古典形式主义的局限性，现代建筑主义提出了"形式服从功能"的理念，强调设计的内在价值，而非仅仅关注建筑外观的形式美感。同时，设计过程不再仅仅局限于建筑本身，而是广泛地考虑社会环境、科技发展等外部因素，使得建筑设计逐渐从原本单一的线性思维向更加综合、双向互动的方向转变。数字技术的引入，为设计过程提供了更广泛的信息共享、更规范的信息模型和更丰富的网络协作，这些都有效突破了传统图示思维的限制，推动设计向更加多元和立体的方向发展。

数字技术赋予了传统媒介新的功能，使其具备了革命性的意义。数字化表现手段集精确性、互动性、智能化、选择性、主动性和简洁性等优势于一身，极大地提升了设计的效率与精度。在实际应用中，数字技术帮助减少了设计中的重复劳动，降低了出错概率，节省了成本，同时方便了设计文件的保存和归档。例如，在餐厅装修中，暖气设施或消防设备的安装可能与空间设计产生冲突。传统方式需要手动修改设计图纸；而借助数字技术，设计师只需要调整建模中的空间数据，计算机就能自动进行渲染并更新图纸，从而快速且高效地完成修改。

随着计算机技术的进步，20世纪70年代计算机开始广泛应用于二维设计，20世纪80年代则进入了数字建模和虚拟环境模拟的阶段。早期的数字技术依赖坐标体系进行数据对接，而设计初期往往注重设计的抽象性和模糊性，这使得数字技术和虚拟现实技术在可用性与真实场景模拟方面取得了重大突破。随着计算机和可视化技术的不断发展，虚拟环境的呈现越来越逼真，艺术效果也愈加鲜明和生动。如今，人工智能技术在建筑设计中得到了广泛应用，建筑师借助数字可视化工具，推动着建筑设计的创新与发展，逐步实现更加精准和高效的设计过程。

（三）数字技术对建筑设计及建造关系的影响

数字媒介技术赋予传统媒介全新的角色，带来了革命性变革。它融合了元素化、互动性、智能化、选择性、主动性和简洁化等特性，为建筑设计提供了更高的精度和效率。在建筑设计中，建筑信息模型（BIM）和土木工程信息模型（CIM）都依托高度集成的信息系统，并且遵循统一的信息交换标准。这样的技术优势促使建筑施工的各个阶段和工种之间能够高效地连接与协作，从而实现设计、管理和施工资源的有效整合，形成一个协同高效、和谐有机的设计过程。

通过数字技术，设计软件能够展现丰富的色彩和广泛的材质选择，使得设计表现更加多样化。然而，尽管这些技术能够提高设计精度，通过计算机对线条比例、色彩范围及体量的精确处理，却也消除了设计方案中原本的模糊性和随机性，这使得某些设计缺乏了灵感和创意的自然流动。此外，许多设计师由于对设计软件的不熟练掌握，或者由于设计软件本身的功能限制，往往无法将其创意和灵感完全转化为实际设计。

二、数字技术在园林设计中的运用及影响

随着科技的不断进步，数字技术在园林设计领域扮演了越来越重要的角色。借助三维建模、虚拟现实、GIS等先进技术，设计师能够更加直观地展示设计思路和效果，极大地提升了设计的可视化效果。这些技术不仅能帮助设计师更精准地模拟地形和植被等自然元素，还能细致地优化设计方案，从而使得最终的设计更加贴近实际需求，确保更高的实施成功率。与此同时，数字技术的应用极大地增强了园林设计的互动性与可持续性。通过物联网技术与大数据的结合，园林的各项运行状况可以得到实时监控与管理，这种智能化的管理方式极大地提高了园林运营效率。此外，数字技术的普及不仅提升了园林设计的整体质量，也为园林行业的现代化与智能化转型提供了坚实的技术支持。

（一）传统园林设计存在的问题

我国园林教育和学科的整体发展较为落后，主要原因在于园林设计教育起步较晚，且存在诸多不足与短板。因此，为了缩小与先进国家之间的差距，我们迫切需要吸收国际上成熟的设计理念和方法。相关调查研究发现，传统园林设计主要依赖手绘图、施工图、效果图及立面图等方式进行。然而，CAD（计算机辅助设计）软件的诞生，这一基于矢量制图的软件被广泛应用并逐渐取代传统手绘图。CAD的优势主要体现在高效性和标准化上，能够大幅提高设计过程的效率。但需要指出的是，CAD作为一款专注于二维平面设计的软件，在许多方面仍然存在一些不足，具体表现如下。

1. 设计的立体感不足

在CAD的平面设计中，设计师通常只能依赖自己脑海中的模糊印象构思立面或三维形象，导致设计图缺乏直观的空间感。在平面设计过程中，

设计看似和谐，但实际应用到立面或施工阶段时，可能会暴露出设计的局限性，甚至存在无法实现的情况。设计师往往没有充分考虑到不同元素之间，尤其是物与物、物与地形之间的空间关系，导致设计不尽如人意。

2．空间比例的不准确

由于CAD主要是平面制图工具，在进行立体景观设计时，设计师容易忽视空间比例的问题。平面上看似协调的设计，在实际场景中却可能存在不合比例的问题，这使设计有时变得不切实际。例如，一些初学者可能设计出尺度失衡的家具或设施，如一张十米长的床或者一张几十米宽的桌子，完全无法应用到实际中。

3．向业主或非专业人士展示时存在困难

在传统设计中，设计师常通过手绘图纸向业主或非专业人士展示方案，但由于手绘图的固有局限性，这些图纸只能呈现设计的部分视角。一旦设计方案有了变动，原先的手绘图往往需要全部重新绘制，这不仅浪费了大量的时间和精力，而且对非专业观众来说，手绘图的展示效果缺乏清晰度和全面性。

（二）当前园林数字技术的应用水平

我国园林设计领域在数字技术的应用方面虽取得了一些积极进展，但整体上信息技术在园林设计中的渗透率和应用深度依然有限。许多园林设计从业者对于新技术的应用依然停留在探索阶段，很多技术仍局限于基础的数据库建设或简单的制图操作。这是因为，风景园林作为一门综合性强、问题复杂的学科，其应用和发展需要跨学科的技术支持，但社会对该领域的重视程度并不高，导致该领域的技术创新与应用力量尚未形成合力。因此，尽管取得了一些初步的成果，但是园林设计中的信息技术应用仍面临诸多瓶颈。

与此同时，随着全球自然生态环境问题日益严峻，生态保护已成为社会各界关注的重点。绿色设计理念逐渐成为主流，粗放式的发展方式正在被逐步淘汰。这也使得园林设计在响应社会需求时，必须更加注重环保，尤其是在大规模土地利用的设计中，对如何进行资源调查、景观分析、环境保护、废弃土地的再利用及城市建设的综合规划等方面，都提出了更高的要求。风景园林面临的问题和挑战也越来越多，涉及的领域日益广泛，不仅要求设计师具备深厚的专业知识，还要求他们借助现代信息技术手段应对复杂的设计问题和环境挑战。

三、风景园林实景的数字化三维处理

园林设计不仅是一项涉及物质功能和精神需求的创造性工作，还需要通过物质手段组织特定的空间。在设计过程中，设计师会通过改造自然景观或开辟新的人工景观，与植物栽植和建筑布局相结合，形成一个既适合居住，又能满足旅游观光、休闲娱乐等功能的空间。设计流程始于信息采集，设计师将现有的环境数据转化为计算机信息，作为参考底图，帮助设计师构建初步的设计方案。在这个方案中，设计师会综合考虑功能需求、艺术表现、环境条件及其他各种因素，勾画出初步的设计意图。接着，数字制作人员会将设计师的二维AutoCAD图形文件转化为标准数据格式，并将其输入现代三维建模软件（如3DsMax）中，开始制作初步的三维模型。这个模型虽然粗糙，但通过不断调整与优化，设计师将依据空间布局和环境关系等因素，逐步完善设计，确保设计方案在艺术性与功能性上都能达到理想的效果。

在园林设计中，风景园林和园林建筑需要占据实际空间，并具备多感官的体验，即有形、有色，甚至要考虑声音与气味。因此，园林设计比一般建筑设计更需要注重"意匠"。所谓"意匠"，就是要在设计中体现深刻的意图和精湛的技艺，而这两者通过数字计算机虚拟现实技术的结合得以更生动地表达出来。利用现代计算机技术和多媒体技术，设计师不仅能呈现更加丰富的视觉效果，还能通过互动体验增强园林设计的表现力，使设计在形式和内容上都更具吸引力。

（一）设计反馈

随着卫星技术的不断进步，园林设计师不再需要亲临现场，就能通过计算机接收到实时的卫星信号，获取目的地的精确位置信息。利用导航系统，设计师可以获取经纬度、俯视图及详尽的现场照片等数据，这些信息对于要求高度精准和实时反馈的园林设计非常重要。

（二）空间分析和数据提取

GIS作为园林设计中的一项核心技术，发挥着至关重要的作用，它不仅是园林设计中的重要工具，也是整个环境艺术设计的重要组成部分。GIS结合卫星和导航技术，能够收集并提取大量设计所需的空间数据和信息。这些信息会被整理并反馈到系统中，形成庞大的数据平台，为设计师提供查询和参考。在园林设计的过程中，GIS的层次功能尤为突出，设计师可以将设计任务划分成多个不同层次，通过叠加这些层次，分别对每一层进行规划与分析，确保设计的全面性和精准性。

（三）景观表达

在景观表达上，数字技术不仅提升了设计效率，还减少了重复劳动，降低了错误率，并且便于存档和保存设计文件。例如，在餐厅装修设计中，由于暖气设施和消防设备的安装问题，空间高度与实际情况常常不符，设计需做出调整。传统手工修改需要重新绘制图纸，但通过数字技术，设计师只需要回溯到建模流程，调整空间高度的数据，计算机就会自动重新渲染并输出新的设计图纸。

（四）风景园林的三维模拟

风景园林的三维模拟是一种通过图像和图形化的方式，将现实景观转化为虚拟的视觉表达。借助GIS、全球定位系统（GPS）和遥感技术，设计师可以收集到精准的地理数据和环境影像，并利用可视化技术和虚拟现实手段将自然景观呈现为三维图形。这种数字化表现不仅能简化复杂的景观，还能使其更加直观和易于理解。同时，通过与互联网的结合，三维景观模型可以链接各种多媒体元素，如声音、图片、遥感影像和视频动画等，使用户在虚拟的环境中动态浏览和享受园区景点，仿佛身临其境。此外，数字高程模型（DEM）的运用也为风景园林的三维模拟提供了更精确的工具。通过创建三维模型，设计师可以详细地展现景观的美学特征和环境氛围。这种技术使得园林设计不仅在视觉上更加生动，也为景观开发和旅游规划提供了科学依据。

第四节　数字技术应用于环境艺术设计的案例

数字技术的飞速发展，尤其在三维建模和渲染领域，正在彻底革新环境艺术设计的方式。例如，在三维城市建设中，设计师借助高精度建模技术可以创建出真实感十足的虚拟城市景观，使观众仿佛身临其境。故宫博物院通过引入虚拟现实、增强现实以及全息投影等数字技术，成功将优秀传统文化和珍贵文物以数字化形式呈现给观众，带来了沉浸式的文化体验，打破了时空的界限。此外，电影中的虚拟建筑也展示了数字技术的强大魅力。从未来的科技都市到古老的宫殿，再到神奇的魔法城堡和灾难后的废墟，数字技术使这些场景栩栩如生，震撼了观众的视觉感官。

一、构建数字三维城市系统

数字三维城市系统的建设是一项复杂且具未来感的工程，融合了当今最先进的技术，致力于创造一个与现实城市高度相似、功能强大的虚拟城市环境。数字三维城市系统是基于数字技术，将现实城市的三维空间信息数字化并加以模型化，结合多种信息技术形成的综合性平台。通过高精度的三维建模技术，城市中的各类元素——如建筑物、道路、绿化带和水系等——被转化为三维模型，呈现出一个逼真的虚拟城市环境。这样一个系统不仅为城市规划、建设、管理提供了新的工具，也为公众服务带来了重要变革。

首先，数字三维城市系统为城市规划者提供了一个直观且易于操作的工具，使他们通过系统模拟、分析不同的规划方案，评估每个方案对城市发展的影响，从而制定出更加科学、合理的规划方案。其次，在城市建设过程中，这一系统通过提供精确的三维模型，使建设者更好地理解城市的空间结构和布局，从而为施工过程提供明确的指导。系统的功能还包括模拟施工过程，帮助预测潜在问题，并为优化施工方案提供数据支持，确保施工的顺利推进。除此之外，数字三维城市系统还在城市管理和公共服务方面发挥着巨大的作用。通过实时监测城市空间的变化，系统能够及时识别和解决城市管理中出现的问题，如交通拥堵和环境污染等。同时，系统能够为市民提供实时的导航、查询等便捷服务，提升他们的生活质量和舒适度，推动城市的智能化发展。

（一）数字三维城市系统的构建流程

构建数字三维城市系统是一个复杂而多层次的过程，涉及数据采集、三维建模、系统集成及应用开发等环节，这些步骤相互配合，共同推动虚拟城市的实现。

1. 数据采集

数字三维城市系统的建设始于数据采集阶段，利用无人机摄影测量、卫星遥感和激光扫描等技术手段，收集城市空间的三维数据。这些数据涵盖了建筑物的几何形状、材质、纹理等细节，同时包括城市其他元素，如道路、绿化带及设施的空间位置和属性信息。这些精准数据为后续的建模工作奠定了坚实基础。

2. 三维建模

基于收集到的数据，设计团队使用专业的三维建模软件进行虚拟城市的构建。在建模过程中，设计团队需要精确地还原建筑物的几何形状、材质和纹理，同时融合城市的整体空间布局和风格。为了提高模型的精度和渲染效率，模型还需要进行优化处理，使其既具备真实感，又能保证在计算机系统上的高效运行。

3. 系统集成

接下来，三维模型与多种先进技术进行系统集成，形成完整的数字三维城市系统。这个阶段包括将三维模型与GIS、虚拟现实、增强现实等技术有效结合，解决数据格式转换、接口兼容等技术难题，以确保各个系统之间能够无缝连接与协同工作，保证系统的高效运转。

4. 应用开发

在系统集成完成后，设计团队根据不同的应用场景，开发专门的应用模块。例如，城市规划模块能够帮助规划师模拟、分析城市的发展方案；城市管理模块用于实时监测城市运行状态，及时发现并解决各类问题；公众服务模块则为市民提供导航、信息查询等便捷服务。在开发过程中，设计团队需确保系统的易用性和高效性，同时提高用户体验，使数字三维城市系统切实满足各个领域的需求。

（二）数字三维城市系统的应用前景与挑战

数字三维城市系统随着数字技术的进步和应用领域的拓宽，展示了广阔的发展前景。它不仅在城市规划、建设、管理等方面发挥着关键作用，也在提升公共服务质量上展现出巨大的潜力。然而，在系统的构建和实际应用过程中，依然面临许多技术和管理上的挑战。例如，数据采集和处理过程的技术复杂性需要高度专业化的技术与设备支持，系统的集成和应用开发则需要跨领域的协作与协调。此外，系统的安全性和稳定性问题也不容忽视。因此，在构建数字三维城市系统时，我们必须充分认识到这些挑战，采取有效的策略和技术手段来应对。

数字三维城市系统的建设是一项高度复杂且充满前瞻性的工程，融合了当代信息技术的最新成果。它不仅为现代城市的规划、建设、管理提供了强有力的技术支持，也对提升城市公共服务和居民生活质量产生了深远的影响。随着技术的不断革新及应用场景的不断扩展，数字三维城市系统必将在未来城市发展中扮演更加重要的角色，推动智慧城市建设迈向新高峰。

二、故宫博物院的数字技术应用

故宫博物院，这座承载着明清两代皇家记忆与历史沧桑的宏伟建筑群，借助数字技术的力量，开启了一场历史文化遗产保护与虚拟重现的革命。作为世界文化遗产的瑰宝，故宫博物院不仅珍藏着超过180万件文物，更以其独特的建筑风格和深厚的文化底蕴吸引着全世界的目光。在数字技术的推动下，故宫博物院正以前所未有的方式，对这些珍贵的文化遗产进行保护、研究与传播。

（一）数字技术助力文化遗产保护

故宫博物院在数字化保护与修复方面的探索，体现了高精度数字化采集与建模技术的应用和实时监测预警系统的创新实践。

首先，在高精度数字化采集与建模方面，故宫博物院采用了三维激光扫描、无人机航拍、近景摄影测量等一系列先进技术，对故宫的建筑群及馆藏文物进行了精细的数字化采集。通过这些技术，能够精准捕捉到文物的几何形状、表面纹理等细节信息，并生成精确的三维模型。这些高精度模型不仅为文物的修复和复原提供了坚实的科学依据，还为日后的虚拟重现奠定了基础。例如，在复原"天灯"和"万寿灯"这一消失近200年的文物时，故宫博物院通过数字技术采集了"万寿灯"的三维纹理数据，并结合三维虚拟修复技术，成功完成了"云龈虚拟重建"和"八叉蹲龙"等部件的精准补配与定位工作，确保了文物复原的高度还原。

其次，为了进一步保护这一世界级的文化遗产，故宫博物院建立了先进的实时监测与预警系统。通过在建筑群中安装各种传感器，系统能够实时监控故宫的结构安全、环境的温湿度等关键指标。一旦监测到任何异常情况，系统就会立刻发出预警信号，及时采取措施以减少风险。

（二）数字技术实现文化遗产虚拟重现

故宫博物院在数字技术的应用方面，致力于创新展示形式，通过虚拟博物馆和线上展览平台，以及增强现实技术与虚拟现实技术，进一步推动文化遗产的传播与保护。

首先，故宫博物院利用数字技术创建了虚拟博物馆和线上展览平台，使得世界各地的观众可以通过计算机或手机等设备，轻松浏览故宫的每个角落，欣赏馆藏的珍贵文物。这些虚拟展览不仅提供了丰富的视觉享受，还通过交互设计增强了观众对文物的了解，帮助他们更好地理解文物背后的历史背景和文化内涵。例如，故宫的"V故宫"项目便充分利用了虚拟现实技术，让观众在虚拟环境中自由探索故宫的建筑和馆藏文物，享受一种身临其境的沉浸式文化体验，打破了时间与空间的限制。

其次，故宫博物院积极探索增强现实技术和虚拟现实技术在文化遗产传播中的应用。通过增强现实技术，观众可以在现实世界中看到虚拟的文物或历史场景，虚拟与现实的融合为观众提供了更加直观的体验；而通过虚拟现实技术，观众可以完全沉浸在虚拟的故宫环境中，仿佛穿越时空，回到明清时期，感受古代宫廷的气息。

（三）数字技术推动文化遗产保护与传承的创新

故宫博物院通过数字技术的创新应用，不仅为文化遗产的保护与传承开辟了全新路径，还推动了这一领域的深刻变革。借助数字化手段，故宫博物院成功地将传统文化遗产转化为可复制、可传播的数字资源，这不仅为学术研究、教育普及和文化交流提供了丰厚的素材，也使得更多人能够接触和了解中国丰富的历史文化。同时，数字技术的应用使得中国文化走向国际舞台，向世界各地的观众展示其独特魅力和深厚底蕴。

故宫博物院在历史文化遗产保护和虚拟重现方面的成功实践，不仅充分展现了数字技术在文化遗产保护领域的巨大潜力，还为其他文化遗产保护项目提供了宝贵的经验和参考。随着技术的不断发展，数字化手段的应用范围将不断拓宽，未来将在文化遗产保护和传承方面发挥更加重要的作用。与此同时，加强国际合作与交流，将有助于推动全球文化遗产保护事业的共同进步，确保这些珍贵的文化瑰宝能够世代传承并永续发展。

展望未来，随着数字技术的不断革新，我们有理由相信，它将在全球范围内发挥更加深远的影响，推动各国文化遗产保护工作的持续创新与进步，让更多的文化瑰宝得以保护和共享。

三、电影中虚拟建筑的营造

虚拟建筑，顾名思义，是指那些不存在于现实世界中的建筑物，它们是根据人类的想象力和需求，在虚拟空间中构建出来的。随着技术的发展，虚拟建筑的应用已经扩展到多个领域，尤其是在场景漫游和虚拟体验方面，成为当下非常流行和时尚的应用趋势。无论是在虚拟战场演示、模拟作战还是虚拟游戏场景中，虚拟建筑都发挥着举足轻重的作用，并且成为新兴艺术形式的催生器。

在电影行业，虚拟建筑的应用尤为突出。许多电影中呈现的虚构场景和建筑物，在现实生活中往往难以实现，而数字技术的运用使这些不可能的构想得以在银幕上完美呈现。通过虚拟建筑的构建，电影制作团队能够设计出需要的建筑模型，并将其与拍摄手法相结合，营造出视觉上极具冲击力的效果。这种数字化手段，特别是随着3D技术的广泛应用，令电影中的建筑和场景呈现出立体的视觉效果，带给观众一种身临其境的沉浸式体验，极大地提升了影片的视觉震撼力。

此外，虚拟建筑在电影中的应用远远超出了单一场景的需求。随着技术的进步，它已经深入各种类型的电影，成为丰富电影艺术表现的一个重要工具。从科幻大片到奇幻电影，从历史剧到未来世界的描绘，虚拟建筑赋予了电影创作者无限的创造空间，使许多原本无法呈现的复杂场景得到呈现，极大地拓展了电影艺术的边界。随着虚拟建筑技术的不断发展，它无疑将在电影艺术中发挥更加重要的作用，推动电影创作的创新与突破。

（一）灾难电影中的废墟场景

在灾难电影中，虚拟建筑技术常被用来重现自然灾害后的废墟场景，如地震、海啸、火灾等。由于这些场景往往需要展现极其宏大的规模和复杂的细节，采用实景拍摄不仅需要大量的资金和资源，还可能面临现实中无法实现的困难。而虚拟建筑技术的引入，则使这一切变得更加可行。通过数字化的方式，虚拟建筑能够精准再现灾后废墟的细节，创造出震撼人心的视觉效果，让观众仿佛亲身感受到灾难的强烈冲击和无情破坏。

（二）动作电影中的极限场景

在动作电影中，虚拟建筑技术常被用来打造令人叹为观止的极限场景。这些场景通常包含高空跳跃、危险的高楼攀爬、激烈的爆炸等极具挑战性的动作，若依赖实景拍摄，则不仅存在极高的安全风险，而且在技术上往往难以达到想要的效果。虚拟建筑的出现为这一问题提供了完美解决方案。通过虚拟建筑技术，制作团队可以设计出那些现实中无法实现的建筑和场景，创造出更加惊险刺激且视觉冲击力十足的画面。例如，在《碟中谍》系列电影中，影片中未来感十足的建筑场景，正是通过虚拟建筑技术得到实现的。

（三）悬疑电影中的秘密空间

在悬疑电影中，虚拟建筑技术常被用来构建隐藏在现实世界中的秘密空间。这些空间通常充满神秘感与不确定性，是推动剧情发展的核心元素。通过虚拟建筑技术，制作团队能够创造出那些表面看似普通却暗藏玄机的建筑场景，这些场景不仅增强了电影的悬疑氛围，也让观众在紧张的情节中感受到更多不可预测性和紧迫感。例如，在《致命魔术》这类悬疑电影中，电影中的复杂结构和奇幻色彩十足的秘密空间，正是借助虚拟建筑技术得到呈现的。

（四）动画电影中的奇幻世界

在动画电影中，虚拟建筑技术是不可或缺的核心元素之一。由于动画电影拥有更加丰富的创意空间和无限的想象力，它们能够创造出许多超乎现实的奇幻世界。虚拟建筑技术使这些奇幻世界得以具象化，从色彩斑斓的城市到风格独特的建筑，都能通过数字技术呈现出一种既具创意又充满魔力的视觉效果。这种技术赋予了动画电影一种独特的艺术感和深度，为观众带来了更加生动且令人震撼的视觉体验。例如，《疯狂动物城》中的城市建筑，通过虚拟建筑技术的应用，为这座充满动物特色的城市提供了完美的构建，从而增强了电影的沉浸感和故事表现力。

虚拟建筑技术的应用不仅局限于动画电影，它还在各种类型的电影中都有着广泛用途，且每种类型的电影都充分利用了这一技术的独特优势。从科幻电影中的未来都市，到历史电影中的古老建筑；从奇幻电影中的魔法城堡，到灾难电影中的废墟场景，再到动作电影中的极限场景、悬疑电影中的秘密空间，以及动画电影中的奇幻世界，虚拟建筑技术无不在这些电影中发挥着重要作用。随着数字技术的不断进步，虚拟建筑的应用在未来将变得更加普遍和深刻，为电影艺术带来前所未有的创新与可能性。

事实上，任何艺术形式和创作都离不开所处环境的表现与体验，而环境的构建往往离不开建筑的呈现。随着数字技术的不断发展，虚拟建筑技术不仅已经开始渗透到电影艺术中，而且它的潜力和未来发展为人们带来了巨大想象空间。人们逐渐感受到这种技术带来的交互性和感性体验，尤其是在未来艺术形式中，虚拟建筑与人类环境的互动将会进一步发展，形成一种全新的视觉和感知体验，社会对这种技术的期待也将成为推动其不断创新的重要动力。

第五节　对数字环境艺术设计的审思与展望

对数字环境艺术设计的审思与展望，具有深远的意义。它不仅能促进设计理念的不断更新，推动设计技术的创新，还能提升环境艺术设计的整体效率和质量。通过审思，我们能够深入分析当前数字环境艺术设计的优势与不足，明确其未来发展的方向和重点。审思的过程让我们更加清晰地认识到，尽管数字环境艺术设计在很多方面展现出了显著的成效，但仍有很多挑战需要克服，如技术的完善、环境的适应性，以及设计理念的更深层次探索。而通过展望未来，我们能够激发对设计领域的无限想象，思考更加创新且具有可持续性的设计方法，从而在未来的设计实践中不断探索和突破。

一、当前数字环境艺术设计的缺憾

环境艺术设计的核心要素可以归结为艺术、技术和创意，这三者之间并非独立存在，而是通过有机融合形成一个统一的整体。数字技术作为一种表现形式，远远超越了传统手绘的表现方式，它不仅更加艺术化和精确，而且提升了设计的美感和效率。随着设计师对CAD软件的日益精通，他们能够充分发挥这些工具的独特优势，获得更多创新的灵感与表达方法。

在小规模生产模式下，借助虚拟现实技术，设计能够接近理想状态，几乎达到完美的效果。这样的技术进步给予了设计师更大的创作自由，去除了许多传统设计中的限制和难题，让他们更加轻松地表达自己的思想。数字技术的迅猛发展无疑为环境艺术设计带来了新生机，开辟了全新的创作领域和可能性。然而，随着这些技术的广泛应用，特别是当浮华逐渐褪去时，越来越多的人开始关注数字环境艺术设计面临的文化差异和科技超前带来的情感空洞与情感偏差问题，这也为设计带来了新的挑战。

（一）数字技术依赖性

物质文明的飞速发展推动了精神文明的同步进步，人们对美的要求不断提升，因此设计行业迎来了前所未有的繁荣，设计公司和装饰公司如同雨后春笋般涌现。然而，在这一过程中，许多设计师仅仅依赖自己对绘图软件的熟练操作，却缺乏必要的美术训练和艺术感悟。他们往往误以为，只要掌握了计算机操作和高效的效果图输出设备，作品的好坏便能通过这些工具决定。事实上，许多人未经任何美术基础培训或专业训练，便轻易进入环境艺术设计领域，借助几款设计软件生产了大量低质量的设计作品。尽管这些作品在市场上获得了某种程度的认可，反映了设计师的努力和市场需求，但也暴露了一个严重问题：许多设计师为了迎合市场需求而忽视了设计本身的艺术价值。作为创造美的职业，设计不仅要满足商业目标，更要追求作品的艺术意义和价值。

数字技术的应用为设计师提供了丰富的色彩、材质和表现手段，但这也带来了另一个问题——计算机表现的精确性使得设计作品缺乏原本应有的灵活性和创造性。在设计过程中，过于依赖软件的精细化操作，导致许多设计师的创意被框定在狭小的技术范围内，失去了应有的艺术表现力。计算机在处理线条比例、色彩范围和体量感时的精确度，往往削弱了设计的随机性和不确定性，反而让设计缺乏了设计师独特的灵感火花。而且，很多设计师对设计软件的掌握并不熟练，再加上软件本身的功能局限，使得许多优秀的设计理念无法有效实现，从而极大地限制了设计师的创作自由。

尽管数字技术的迅猛发展为设计领域带来了全新的可能性，但它并不能完全取代传统的艺术设计。数字艺术设计师作为一个新兴职业，除了需要扎实的美术基础和艺术造诣外，还必须精通计算机操作和各种设计软件的使用。在面对复杂的大型设计项目时，设计师还需要与其他行业的专业人士协作，进行细致分工。尽管现代科技让分工变得越来越精细，传统的"全能型"设计师如达·芬奇般的存在也变得不太现实，但我们必须明确一点，数字技术只是辅助工具，它无法取代艺术设计的核心价值。所有的设计工作最终应在艺术指导下进行，技术的目的始终是为艺术服务，而非主导设计的全部。

（二）商业价值依赖性

数字技术的引入为环境艺术设计带来了前所未有的视角，迅速成为热门话题，并且被冠以"高科技""数字产品"等诸多标签。外界似乎更关注数字技术本身的先进性，而忽视了环境设计的真正核心——方法、理念与所表达的美学。当数字技术变得普遍和常规之后，人们对数字环境艺术设计的商业价值也越来越关注，技术的"标签"在某种程度上变成了市场营销工具。的确，数字技术在一些成功案例中起到了关键作用，但这些成功的背后，并非仅仅因为技术的运用，而是设计师在环境艺术设计中巧妙地运用数字技术展示了人类对美的追求，充分体现了环境艺术的深厚力量。最终，吸引观众的，不是数字技术的冷冰冰展示，而是设计本身的魅力与艺术的震撼。

然而，盲目追求商业价值的现象不仅来自外部压力，很多设计师自己也开始过于看重这种商业标签。许多未使用数字技术的优秀作品未能获得应有的市场认可，而那些设计思想空洞、质量粗糙的所谓"数字设计作品"却大受追捧，获得了投资方的青睐。这种趋势迫使设计师不得不迎合潮流，强行将"数字环境艺术设计"作为创作手段，忽视了环境艺术设计的本质目标和内在要求。在如今竞争激烈的市场经济中，生存和经济利益成了许多设计师的首要考虑，因此他们往往在不得不妥协的情况下放弃了艺术本身的价值追求。

进行数字技术驱动的环境设计，不仅需要扎实的美术基础，更需要丰富的跨学科知识储备。美术能力虽然重要，但它只是基础的一部分，个人的文化修养、对艺术的深刻理解才是设计师能够在这个领域脱颖而出的关键。因此，除了提升自身的艺术修养，设计师还必须适应并掌握新型设计工具，包括计算机和各种设计软件。数字技术并非万能，它只是设计的辅助工具，而真正的创作神话，是设计师通过技术与艺术的结合创造出来的。

（三）文化内涵真空性

新兴的数字环境艺术设计面临着一个重要问题，那就是设计与文化的割裂，很多设计作品在创作过程中忽视了文化因素的融入，导致作品缺乏深厚的文化底蕴，这让设计的表达变得单薄且局限。数字技术和计算机工具只是冷冰冰的机械设备，本身并不具备艺术的感染力。尽管现代技术能够帮助设计师提升效率和精度，但它并不能替代艺术本身所需的情感和文化深度。虽然技术上的差异和设备的落后是可以通过后天学习与提高弥补的，但作为设计师，我们不能忽视的是，外部条件和工具只是创作的辅助，而不是核心。设计师的真正职责，并非单纯依赖技术，而是通过作品外化出自己的思想和精神，展示时代的风格与文化内涵。特别是作为中国的设计师，要想创作出能够打动大众并引起情感共鸣的作品，我们首先必须深入了解中国传统文化和民族精神，理解人民大众对于文化的需求与渴望。只有这样，我们的作品才能做到"民族的才是世界的"，既能在中国本土找到其独特的文化价值，又能在全球化舞台上展现其深远的影响力。设计不仅是视觉和形式的堆砌，更是文化与思想的传递，是设计师对时代精神的回应。真正成功的设计，必定是在全球语境下，能够触及人们内心深处的情感和文化认同。

二、数字环境艺术设计的前景展望

数字化的手段和运行工具成为数字表现的方案，它运用了静态图像和虚拟现实的交互性为之呈现的设计方案，此方案传授给人们的体量感、材质感、空间感和色彩感都具有很高的准确性。通常，我们把数字化的表现技术分为三类，分别是相关软件运用技术、相关表现程式、相关表现处理技术，它们无不融合了软件操作技术、审美意识和工程技术知识。

（一）以概念设计为先导——虚拟现实

近年来，数字技术与虚拟现实技术在整体可用性上取得了显著的突破，尤其是在真实环境模拟方面的进展，达到了前所未有的高度。随着计算机和可视化技术的不断提升，虚拟环境系统逐渐能够呈现出更加真实的场景，虚拟环境的真实性越高，展现的艺术效果也就越明显。高清技术的飞跃性进展，进一步推动了场景的真实化，使得虚拟世界的表现愈加精致，就像电影一样，虚拟现实的未来发展方向无疑是构建出一个三维真实环境。目前，已经有基于3D技术的虚拟环境系统被开发出来，尽管数量还不多，但随着科技的不断进步，当这些技术的商业价值和其他优势越发显现时，未来的环境设计很可能全面采用这些技术。

然而，尽管数字技术和虚拟现实技术在呈现三维虚拟环境方面取得了巨大进展，但它们仍然只是对现实环境的一种模拟。对2D技术来说，这无疑是一项巨大的进步，带给了人们全新的视觉体验和革命性的创新。近年来，4D技术也开始成熟，并已投入市场，如芜湖的方特欢乐世界就大量应用了4D技术。在4D场景中，观众不仅能感受到立体的视觉效果，还能通过座椅振动和其他触觉感应设备，模拟现实中的感觉。例如，在某些场景中，当屏幕上出现小鱼吹泡泡的画面时，观众的脸上会感觉到水珠喷洒；当小爬虫出现在屏幕上时，座椅的振动设备让观众感受到爬虫就在周围。这些技术进一步通过模拟温度、湿度等环境因素，让人完全沉浸在虚拟世界中，增强了交互体验。

虚拟现实技术最大的优势在于其增强的交互性，观众可以通过特定的设备，如感应头盔、触觉手套、振动传感设备等，进入虚拟环境中与虚拟世界进行互动。观众不仅能感知虚拟世界中的各种对象，还能操作虚拟中的设备，实时进行交互，获得高度沉浸式的真实体验。正因如此，虚拟现实技术已被广泛应用于环境艺术设计领域。设计师能够利用数字技术在计算机上对现实世界中的景物进行虚拟处理，包括尚未完工的建筑、正在施工的雕塑，甚至是一些在现实世界中尚不存在的概念性物体。更重要的是，虚拟现实技术的普及为许多传统工作方式带来了革命性突破。

通过虚拟现实技术，设计师可以在虚拟空间中进行直观的模拟试验，如对模型的拆装、建筑物的全景观赏，甚至是对建筑物承重力的预测等，这些试验与传统实地测试相比，具有许多优势：不仅能节省大量的人力、物力，而且能更加精确地预见设计中的潜在问题。虚拟试验的数据结果还可以为现实中的复杂实验提供指导，成为实际工作中不可或缺的一部分。

（二）基于全息技术的数字环境艺术设计

我们甚至可以更大胆地设想，在不久的将来，随着全息技术的发展，我们在观看数字环境艺术设计作品时，无须再佩戴立体眼镜，可以直接置身于设计师营造的环境之中，与环境融为一体。当技术达到这种水平时，在这种让人难辨虚实的虚拟环境中，我们可以运用的资源就更加丰富，甚至可以用神经感应系统模拟特定环境景观中鸟语花香的味道，机车马达的振动感，各种材料设备的真实触感，使受众完全处于"虚幻"的环境中。

第七章　数智化时代环境艺术设计实践环节的项目教学法研究

开展数智化时代环境艺术设计实践环节的项目教学法研究，对于培养适应新时代需求的设计人才至关重要。数智技术的迅猛发展，为环境艺术设计带来了无限可能，同时对教学模式提出了新的挑战。项目教学法以强调实践、注重创新的特点，成为培养设计人才的有效途径。通过结合数智技术，将理论知识与实践操作紧密结合，使学生在解决实际问题的过程中，深入理解和掌握数智化设计工具，培养创新思维和跨学科合作能力。此外，项目教学法还能激发学生的设计潜能，使学生在不断实践探索中，逐步形成自己的设计风格和理念，为未来的设计事业奠定坚实基础。

第一节　环境艺术设计专业的应用特征与价值走向

了解环境艺术设计专业的应用特征与价值走向，对于深入理解这一专业领域及其在现代社会中的重要性具有深远意义。

环境艺术设计专业涉及建筑学、城市规划学、景观设计学、室内设计学、人体工程学、材料学、美学等众多学科领域，其应用特征体现在多个方面。首先，环境艺术设计要求设计师具备艺术创作能力，通过色彩、造型、材质等元素表达独特的设计理念和风格。例如，在室内空间设计中，利用色彩的搭配营造不同氛围，如暖色调用于营造温馨的家庭环境，冷色调用于打造现代简约的办公空间。其次，环境艺术设计强调技术知识的掌握，设计师必须了解建筑结构、水电暖通等技术知识，以确保设计的可行性和安全性。在进行古建筑改造设计时，设计师要清楚古建筑的结构特点，确保在进行环境艺术设计的同时不破坏原有建筑结构，并且合理规划水电线路等设施。

在宏观层面，环境艺术设计要考虑城市空间、区域空间等大尺度的空间规划。例如，在城市滨水区的设计中，设计师要从整个城市的空间布局出发，考虑滨水区与城市中心、周边居民区、商业区等的空间关系，规划好交通路线、公共活动空间的分布等。在微观层面，环境艺术设计要关注室内空间、小尺度的景观空间等。例如，设计一个小型的家庭庭院，设计师要精确地规划植物的种植位置、休闲桌椅的摆放空间，以及庭院与室内空间的过渡关系等。

此外，环境艺术设计还强调实用功能的可持续性，考虑到环境和资源的可持续发展。例如，在建筑的外立面设计中，采用隔热性能好的材料，既能降低建筑能耗，又能为使用者提供舒适的室内热环境；在景观设计中，选择本地植物进行种植，既易于养护，又能体现地域特色，同时减少对水资源等资源的消耗。

从价值走向来看，环境艺术设计专业不仅关注美学和功能的结合，还强调对地域文化的传承和创新。在传统村落的保护与更新设计中，设计师要保留和传承当地的建筑风格、民俗文化元素等。同时，在现代城市广场的设计中，设计师可以将传统的文化符号进行抽象化处理，运用到广场的雕塑、地面铺装等元素中，既传承了优秀传统文化，又赋予了现代环境艺术设计新的文化内涵。

由此可见，了解环境艺术设计专业的应用特征与价值走向，有助于我们更好地把握这一专业领域的发展趋势和市场需求，为培养具备创新精神和实践能力的高素质环境艺术设计人才提供有力支持；同时，有助于推动环境艺术设计行业的持续健康发展，为提升人们的生活品质和文化内涵做出积极贡献。

一、环境艺术设计专业的应用特征

环境艺术设计专业，作为一门融合了艺术、科学与技术的综合性学科，其应用特征广泛而深刻，不仅体现在对空间美学的极致追求上，还蕴含在对功能实用性的精心考量，以及对环境可持续性的深刻理解中。以下是对环境艺术设计专业应用特征的详尽阐述，旨在全面展现这一领域的独特魅力与价值。

（一）艺术性与创意性的融合

环境艺术设计专业的核心在于艺术性与创意性的高度融合。设计师通过色彩、形状、材质、光影等元素的巧妙运用，创造出既美观又富有文化内涵的空间环境。这种艺术性表达不仅体现在视觉的愉悦感上，更在于它能够触动人心，引发情感共鸣。同时，创意性是环境艺术设计的灵魂，它鼓励设计师打破常规，勇于尝试新的设计理念和技术手段，从而创造出独一无二的空间体验。例如，在室内设计中，设计师可以通过独特的空间布局、家具选型与搭配、装饰品的点缀等方式，营造既符合居住者需求又充满个性魅力的室内环境。

（二）功能性与实用性的并重

环境艺术设计不仅追求美观，更注重功能性与实用性的实现。设计师需要深入了解使用者的需求和行为习惯，确保设计出的空间环境能够满足人们的日常生活和工作需求。例如，在公共空间设计中，设计师需要合理规划人流线路、设置足够的休息区和卫生间等设施，以确保空间的便捷性和舒适性。同时，实用性是环境艺术设计不可忽视的重要方面。设计师需要考虑到材料的耐久性、易清洁性及维护成本等因素，确保设计出的空间环境既美观又经济实用。

（三）科学性与技术性的支撑

环境艺术设计专业的应用特征体现在科学性与技术性的支撑上。随着科技的不断发展，越来越多的新技术、新材料和新工艺被应用到环境艺术设计中，如数字化设计技术、虚拟现实技术、3D打印技术等。这些技术的应用不仅提高了设计效率和精度，还为设计师提供了更多的创意空间。同时，环保材料、节能技术等的应用也推动了环境艺术设计的可持续发展。设计师需要不断学习和掌握这些新技术与新材料，以确保自己的设计作品能够跟上时代步伐，满足社会的需求。

（四）文化性与地域性的体现

环境艺术设计专业的应用特征表现在文化性与地域性的体现上。设计师需要深入了解当地的文化传统和历史背景，将地域文化元素融入设计作品，以展现出独特的地域特色和文化魅力。例如，在传统村落的保护与更新设计中，设计师可以保留和传承当地的建筑风格、民俗文化元素等，同时结合现代设计理念和技术手段进行改造与升级，使传统村落焕发新的生机和活力。这种文化性与地域性的体现不仅有助于保护和传承文化遗产，还能增强人们对本土文化的认同感和自豪感。

（五）跨学科性与综合性的整合

环境艺术设计专业具有跨学科性和综合性的特点。它涉及建筑学、城市规划学、室内设计学、景观设计学、人体工程学、材料学、美学等众多学科领域的知识和技能。设计师只有具备跨学科的知识背景和综合性的思维能力，才能将各个学科领域的知识和技能有机地整合在一起，创造出既美观又实用且富有文化内涵的空间环境。

环境艺术设计专业的应用特征体现在艺术性与创意性的融合、功能性与实用性的并重、科学性与技术性的支撑、文化性与地域性的体现、跨学科性与综合性的整合等多个方面。这些特征共同构成了环境艺术设计专业的独特魅力和价值所在，也为其在未来的发展中提供了广阔空间和无限可能。

二、当代环境艺术设计人才的培养重点

了解当代环境艺术设计人才的培养重点具有深远意义。随着社会对居住环境品质要求的日益提升，环境艺术设计专业已成为推动社会文明进步的重要力量。培养高素质的环境艺术设计人才，不仅有助于提升城市空间的美观度和功能性，更能满足人们对美好生活的向往。

重点培养环境艺术设计人才，意味着注重其创新能力和实践能力的双重提升。这样的人才能够紧跟时代潮流，运用先进的设计理念和技术手

段，创造出既符合市场需求又具有艺术美感的空间环境。

同时，培养重点的明确有助于优化教育资源配置，提升教育质量和效率。通过有针对性的课程设置和实践教学，可以培养更多适应社会发展需要的应用型、复合型人才，为环境艺术设计行业的持续健康发展提供有力的人才保障。因此，了解并重视当代环境艺术设计人才的培养重点，对于推动社会进步、提升人们生活品质具有重要意义。

（一）跨学科思维的培养

环境艺术设计专业本身具有跨学科的特性，不仅要求设计者具备艺术和美学的基础，还要求他们深入了解力学、工程学等多个领域的知识。这种多学科的知识融合，使得环境艺术设计成为一门高度综合性的学科，要求教学过程中能够实现学科间的整合和设计意识的整体化。只有打破各学科之间的界限，将其作为一个有机的整体，才能有效推动教学的发展，培养能够适应复杂环境的设计人才。

钱学森先生曾提出，构建"整体观念"是科研创新的核心所在。然而，长期以来，环境艺术设计专业的教学和研究并未形成系统的理论框架，缺乏整体性的教学观念。从可持续发展的角度来看，这种缺乏系统性和整合性的现象对学科的发展与专业建设构成了较大制约。尤其在当前的教育体系中，环境艺术设计专业的学生大多数来自美术类背景，他们进入专业学习时大多缺乏实际的设计体验。加之我国长期以来实行文理分科制度，学生的理性思维和美学形象思维并未达到均衡发展，许多美术生在理性逻辑思维方面较为薄弱，而在进入高校后，他们接触的课程内容繁杂且跨学科，尤其是设计课程，既涉及审美艺术，又与工程技术密切相关。

在许多高校中，基础教学依然以传统的造型和三大构成课程为主，这种以艺术培养为核心的模式无法有效衔接现代环境艺术设计学科的发展。随着专业深入，学科内容逐渐向理性思考和工程技术方向倾斜，学生往往感到力不从心。他们在设计对象的理解和设计问题的解决上显得较为局限，主要原因就在于缺乏系统的、整体的理性设计思想。环境艺术设计不仅是艺术创作，还涉及科学技术、生态意识、行为心理学等多个方面，随着课程的多样化，教学中容易出现知识的片面化，甚至与设计实践市场脱节的问题。

因此，跨学科的整体思维已经成为环境艺术设计专业发展的迫切需求。吴良镛先生在《广义建筑学》中曾提出"我们要自觉地进入整体思维"的超前思想，强调了整体观念在学科发展中的重要性。环境艺术设计专业的复杂性要求我们从整体观念出发，进行跨学科的融合与创新，以实现专业的可持续发展和长远建设。

（二）宽泛的综合型知识结构

环境艺术设计的核心对象是与人类日常生活密切相关的室内外空间，这些空间不仅承载着人们的日常活动，还反映了人们的审美需求和精神寄托。环境艺术设计作为一门高度综合的学科，它并非局限于某一单一学科的应用，而是需要融合多个领域的知识，包括城市规划、建筑学、社会学、美学、人体工程学、心理学、人文地理学、物理学、生态学等。每个领域的交叉与融合，使得环境艺术设计在创造功能与美学的平衡时，能够更好地满足人们的需求。

在实际操作中，室内外环境的设计是一个多层次、相互关联的整体。一个看似简单的设计问题，往往牵涉空间布局、材料选择、色彩搭配、光影效果等多个方面。设计师只有从整体环境的视角出发，综合分析和考虑各类因素，才能形成最佳的设计方案。例如，设计不仅能满足基本的空间需求，更是通过优化生存空间关系，以合理的设计提升人们的生活质量和体验感。

因此，培养高素质的环境艺术设计人才，除了要注重专业技能的掌握，还必须注重跨学科的综合素养和整体设计思维的培养。这意味着，学生不仅要具备扎实的美学与技术知识，还要具备从不同学科中获取信息和灵感的能力，能够在复杂多变的设计挑战中找到最佳解决方案。只有这样，设计师才能为社会创造更加舒适、美丽和有意义的生活环境，推动环境艺术设计向更高水平的发展。

（三）创造性实践

哈佛大学校长普西说过："一个人是否具有创造力，是一流人才和三流人才的分水岭。"①对于设计人才的培养，艺术文化素养与技术实践手段都可通过理论和实训塑造，而创造力相较来说是一个抽象的专业能力表达，它介于感性思考与理性实践之间，赋予设计真正的活力与灵魂。

我国的设计教育起步较晚，仍然在模仿与摸索中不断前行。尽管理论和理念可以借鉴，技术能力也可以通过实践不断提升，但创造力的培养并非短时间内就能实现。创造力是设计思维的灵魂，是个性化、活跃化和能力化的高度体现，正是这一环节在设计教育中尤为关键，却也是最具挑战性的部分。

回顾我国环境艺术设计教育的发展历程，长期以来，我们习惯将实用技术作为教学的主导，过分注重技术的可操作性，忽视了创造力对设计实践的深远影响。这种倾向使得学生在面对设计任务时，往往局限于如何解决问题，而忽视了更具创意的解决方案。这种技术驱动的教育模式，虽然能够快速提高学生的设计技能，但难以培养具有创新精神的设计师。

在教学内容上，这种固化的模式尤为明显。例如，室内设计过分依赖装修技巧，景观设计则偏重植物的选择与搭配，导致课程内容单一，主要关注设计实用技能，而缺乏系统的设计方法论指导。虽然这种教学方式能让学生在短时间内掌握一定的技能，但无法激发学生的创新思维和想象力。

在课程设置上，设计专业初级阶段的基础课程以三大构成和造型写生为主，创意方法的培养课程相对较少。这些基础课程虽然为学生打下了扎实的艺术基础，但对思维潜力的激发和创造力的培养显得相对薄弱，难以引导学生进行更深层次的创造性思考。

在教学过程中，部分教师缺乏足够的创新意识，对学生的创意思维关注不够，过于强调设计的表现技巧，而忽视了艺术的原创性和个性化表达。这种过于注重技巧的教学方式，往往限制了学生创造力的发展，导致设计教育整体水平的提升受限。

---

①王萍，董辅川．环境艺术设计手册：写给设计师的书［M］．北京：清华大学出版社，2020．

三、环境艺术设计专业的价值走向

环境艺术设计专业的价值走向是一个多维度、多层次且不断演进的过程，它深受社会文化、经济发展、技术进步，以及人们审美观念变化的影响。随着全球化的加速和可持续发展理念的深入人心，环境艺术设计专业的价值走向正展现出一些鲜明趋势。

（一）从功能主义到人文关怀

早期的环境艺术设计往往侧重满足空间的功能需求，强调实用性和效率。然而，随着社会经济的发展和人们生活水平的提高，人们开始更加注重空间的文化内涵和人文关怀。环境艺术设计因此从单纯的功能主义转向更加关注人的情感需求、心理体验和文化认同。设计师开始通过艺术化的手法，将文化元素、历史记忆、地域特色等融入设计，创造出既实用又富有文化内涵的空间环境。

（二）从单一学科到跨学科融合

环境艺术设计是一个涉及多学科知识的综合性专业，它融合了建筑学、城市规划、园林艺术、室内设计、视觉传达等多个领域的知识。随着科技的发展和社会需求的多样化，环境艺术设计专业的价值走向越来越强调跨学科融合。设计师需要不断学习新知识、新技术，并将其应用于设计实践中，以实现设计创新。例如，利用数字技术、虚拟现实技术等新兴技术，可以创造出更加逼真、互动性强的设计作品，提升用户的体验感和满意度。

（三）从物质设计到生态设计

在环境问题日益严峻的背景下，生态设计成为环境艺术设计专业的重要价值走向。生态设计强调在设计中充分考虑环境因素，通过合理利用资源、降低能耗、减少污染等手段，实现人与自然的和谐共生。这不仅要求设计师在设计过程中关注空间的美观性和实用性，还要求他们注重其生态效应和可持续性。例如，采用环保材料、优化能源利用、增加绿化面积等措施，是生态设计的重要体现。

（四）从本土化到全球化视野

在全球化大背景下，环境艺术设计专业的价值走向开始呈现出从本土化向全球化视野的转变。设计师不再局限于某一地域或文化的束缚，而是开始关注全球范围内的设计趋势和文化交流。他们通过借鉴不同地域、不同文化的元素和理念，将其融入自己的设计，创造出具有独特魅力和广泛影响力的作品。这种全球化视野不仅有助于提升设计作品的文化内涵和审美价值，还能促进不同文化之间的交流与融合。

（五）从静态设计到动态设计

随着人们生活方式和审美观念的变化，环境艺术设计开始从静态设计向动态设计转变。静态设计往往注重空间的固定布局和装饰风格，而动态设计则更加注重空间的灵活性和可变性。设计师通过采用可变材料、模块化设计等手段，使空间根据不同的功能需求、时间节点或用户喜好进行灵活调整。这种动态设计不仅提高了空间的利用率和适应性，还为人们带来了更加丰富多彩的生活体验。

（六）从商业化到社会责任

在商业化日益盛行的今天，环境艺术设计专业的价值走向开始强调社会责任。设计师不仅要关注设计作品的经济效益和市场竞争力，还要注重设计作品的社会影响力和可持续性。他们通过设计具有社会责任感和文化内涵的作品，为提升社会文明程度、改善人们生活环境作出贡献。例如，设计符合无障碍要求的公共空间、打造具有教育意义的主题公园等，都是设计师履行社会责任的重要体现。

（七）从技术创新到文化传承

在技术创新日新月异的今天，环境艺术设计专业也开始关注文化传承。设计师开始深入挖掘传统文化资源，将其与现代设计理念相结合，创造出既具有时代感又富有文化底蕴的设计作品。这种文化传承不仅有助于弘扬民族优秀文化、增强民族自信心和凝聚力，还能为设计作品注入独特的文化魅力和艺术价值。

环境艺术设计专业的价值走向具有复杂性和多元性。它虽然受到多种因素的影响和制约，但也展现出无限的可能性和创造力。随着社会的不断发展和人们审美观念的不断变化，环境艺术设计专业的价值走向将继续演进和完善，为人们创造更加美好的生活环境。

第二节　高校环境艺术设计专业教学中的项目教学法

高校环境艺术设计专业教学中的项目教学法具有深远意义。项目教学法打破了传统教学模式的束缚，教师不再是单纯的讲授者，而是成为学生学习的引导者和组织者。在这种教学模式下，学生成为学习活动的直接参与者，他们在教师的引导下完成项目，通过自主学习、小组讨论和探究等方式，积极投入项目实践。这种教学方式能够极大地激发学生的学习主动性和学习兴趣，使他们从被动接受知识转变为主动探索知识。

环境艺术设计是一门实践性很强的学科，要求学生具备扎实的理论基础和丰富的实践经验。项目教学法通过引入真实的项目，让学生在实践中学习和成长。在项目实施过程中，学生不仅需要运用所学的设计原理、人体工程学、装饰材料构造学、空间原理等专业知识，还需要具备与设计需求方沟通、分析调研、方案设计、方案表达、设计深化、项目跟进等综合能力。这种教学方式能够有效地培养学生的综合能力，使他们更好地适应市场需求。

项目教学法强调理论与实践的有机结合，使学生在实践中掌握理论知识，同时用理论知识指导实践。在项目教学中，学生通过亲身参与项目实践，将所学的理论知识应用于实际情境中，从而加深对理论知识的理解。同时，学生在实践中遇到的问题和挑战会促使他们不断反思与学习，进一步提高自己的理论水平和实践能力。项目教学法改变了传统的教学模式，使教师与学生的关系更加平等和互动。在项目实施过程中，教师需要积极为学生营造和谐的项目情境，引导学生自主地开展学习活动；而学生也需要在教师的引导下，通过自主学习、小组合作等方式参与项目实施。这种教学方式能够增进师生之间的互动与合作，使教师更好地了解学生的学习需求和困难，从而提供更具针对性的指导和帮助。项目教学法以项目为载体，以项目实施为过程，在实施项目过程中传输知识，培养学生技能。这种教学方式能够使学生更加直观地理解所学知识，并在实践中加以运用。同时，项目教学法由于具有很强的实践性和目的性，能够使学生在短时间内掌握更多的知识和技能，提高教学效果和效率。环境艺术设计专业的教学目标是培养适合市场需求的综合型人才。项目教学法通过引入真实的项目和市场需求，使学生在实践中学习和成长，从而更好地适应市场需求。同时，项目教学法能培养学生的创新思维和实践能力，使他们具备更强的竞争力和就业能力。

高校环境艺术设计专业教学中的项目教学法具有多方面意义。它不仅能激发学生的学习主动性、培养学生的综合能力、促进理论与实践的结合、增进师生互动与合作、提升教学效果与效率，还能适应市场需求与人才培养的要求。因此，在环境艺术设计专业教学中，我们应广泛应用项目教学法，以提高教学质量和人才培养水平。

一、项目教学法与环境艺术设计专业

项目教学法与环境艺术设计专业之间存在紧密的关系。环境艺术设计是一门具有高度实践性的学科，要求培养具备动手能力的人才，而项目教学法正是从实践出发，由学生独立完成项目设计和实施，教师仅负责指导，这种教学方法有利于教学效果与效率的提高，并且能够很好地培养学生的实践能力。

在项目教学法的应用中，学生可以亲身参与项目的信息收集、方案设计、实施及最终评价，这一过程不仅加深了学生对专业知识的理解，还锻炼了他们在实际操作中解决问题的能力。同时，项目教学法有助于培养适合市场需求的综合型人才，这是环境艺术设计专业的教学目标之一。

此外，项目教学法强调学生的自主学习和主动参与，这与环境艺术设计专业追求的创造性、预见性和系统性等特点相契合。通过项目教学法的实施，学生可以更好地掌握设计思维、表达、沟通和管理技能，为未来的职业发展打下坚实基础。

（一）项目教学法

为了更有效地培养实践型人才，项目教学法应运而生，并在教育领域得到了广泛的认可与快速发展。这种教学法将传统的学习过程转化为一系列详细且具体的项目工程，使得学生在教师的引导下，能够独立完成从项目构思到实施的全过程。

在项目教学法的实践中，学生不再是被动接受知识的容器，而是成为主动探索、积极实践的主体。他们需要自主搜集和处理信息，设计项目方案，并在实际操作中实施方案。这一过程不仅需要学生具备扎实的基础知识，更需要他们展现出良好的创新思维和问题解决能力。

自20世纪50年代以来，随着社会的快速发展和繁荣，各行各业人才对社会经济的推动作用日益凸显。高校作为人才培养的重要基地，积极调整教学目标和教学战略，以适应社会的需求。项目教学法正是在这样的背景下应运而生的，并逐渐成为高校培养实践性人才的重要手段。

与传统的教学模式相比，项目教学法打破了教学系统完整的特性，更加注重学生实践能力和创新能力的培养。学生在教师的指导下，通过独立完成项目，不仅加深了对专业知识的理解，还锻炼了实际操作能力，积累了宝贵的实践经验。这种教学法使得学习成果与实践紧密结合，丰富了学生的学习体验，使得学习成果更加多元化。

总之，项目教学法在培养实践型人才方面具有显著的优势，它改变了传统的教学模式，注重学生的主体性和实践性，为高校培养适应社会需求的高素质人才提供了有力支持。

（二）环境艺术设计专业

环境艺术设计专业是近些年迅速发展起来的一个新兴学科领域，它将美术、景观规划、设计原理、心理学及建筑学等多个学科巧妙地融合在一起，形成了一个具有高度综合性的专业体系。这个专业不仅要求学生掌握扎实的美术基础和设计技能，还要求他们具备对自然景观、人文环境及人类心理需求的深刻理解，从而能够创造出既美观又实用，既符合人们审美需求又能体现人文关怀的环境艺术设计作品。

一般来说，环境艺术设计专业具有一些其他专业不具备的特点。首先，环境艺术设计专业具有预见性，要求设计师能够预见未来社会的发展趋势和人们审美观念的变化，从而设计出具有前瞻性的作品；其次，系统性是环境艺术设计专业的重要特点之一，设计师需要从整体出发，综合考虑环境、建筑、景观、室内等多个方面的因素，确保设计作品的和谐统一；最后，创造性是环境艺术设计专业的灵魂所在，它鼓励设计师打破常规、勇于创新，不断探索新的设计理念和方法。

然而，由于我国环境艺术设计专业的发展时间相对较短，且涉及的领域非常广泛，对该专业的认知和教学模式都处于不断探索与完善之中。高校在培养环境艺术设计专业人才时，需要注重理论与实践的结合，加强学生实践能力和创新思维的培养；同时，需要不断更新教学内容和方法，以适应社会发展和行业变化的需求。

总之，环境艺术设计专业是一个充满挑战与机遇的新兴学科领域，它要求设计师具备扎实的专业知识、丰富的实践经验和敏锐的创新意识。随着社会的不断发展和人们对美好生活环境需求的日益增长，环境艺术设计专业将会迎来更加广阔的发展前景。

二、环境艺术设计与项目教学法的特点

了解环境艺术设计与项目教学法的特点，对于培养符合市场需求的高素质设计人才具有重要意义。环境艺术设计作为一门综合性强、实践性突出的学科，要求学生具备创新思维、艺术审美和实际操作能力。而项目教学法通过模拟真实项目，让学生在实践中学习，有助于将理论知识与实践操作紧密结合，提升学生的综合设计能力。

同时，项目教学法强调学生的主体性和自主性，鼓励学生在项目实施过程中发挥主观能动性，这有助于培养学生的团队合作精神和问题解决能力。此外，项目教学法还注重教学过程的开放性和灵活性，能够根据学生

的实际情况和项目需求进行个性化教学，提高教学效果。

因此，深入了解环境艺术设计与项目教学法的特点，有助于更好地指导教学实践，培养既具备扎实理论基础，又拥有丰富实践经验和创新思维的设计人才。

（一）环境艺术设计的特点

环境艺术设计从根本上来说就是对环境艺术工程空间规划与艺术构想的综合，其中包括结构造型计划、环境设施计划、装饰空间计划及审美功能计划等。虽然其属于艺术范畴，但是环境艺术设计具有以下一些自身特点。

1. 预见性

通过深入研究材料特性、精湛工艺及亲临现场考察实际情况等，进行富有创意和美感的设计活动，这一过程我们称为"环境艺术设计"。它不仅要求设计师具备深厚的艺术功底和设计理论，更要求他们具备将创意转化为现实的能力，即实现设计的可行性和实用性。

在设计活动的每个环节，设计师都需要对方案完工后的效果进行精准预计和预判。这种预见性不仅体现在对设计成果美观度的把握上，更在于对设计方案在实际施工中的可行性的深刻理解。设计师需要综合考虑材料的性能、工艺的复杂度及现场环境的特殊性，从而在设计阶段就规避可能的实施难题，确保整体设计方案能够顺利推进。

具备预见性的设计师能够更有效地把握整体设计方案的实施过程，他们会在设计初期就充分考虑到施工中可能遇到的各种问题，并提前提出解决方案。这种能力不仅有助于提升设计作品的品质，还能有效缩短施工周期，降低项目成本，为项目成功实施奠定坚实的基础。

因此，环境艺术设计不仅是一门艺术，更是一门科学，它要求设计师在设计过程中不断积累经验，提升专业素养，以实现创意与现实的完美结合。

2. 系统性

可以说，环境艺术设计是一项高度系统性的设计活动，它将技术、功能及艺术完美地融为一体，形成了一个复杂而精细的设计体系。这一设计领域不仅广泛涉及美术、景观规划、建筑设计、心理学、人体工程学等众多学科内容，而且要求这些学科之间能够实现深度的融合、交叉及相互渗透。

在这样的背景下，环境艺术设计人员不仅需要具备扎实的专业知识，还需要拥有广泛而深入的科学知识和艺术修养。他们需要对各种设计风格、文化特色及地域特点有深入的了解和把握，以便在设计过程中能够灵活应对不同风格特色的设计项目。同时，设计人员需要具备敏锐的观察力和创新思维，能够从日常生活中汲取灵感，将创意转化为具有独特魅力的设计作品。

此外，环境艺术设计还要求设计人员具备出色的沟通能力和团队合作精神。在项目实施过程中，他们需要与设计团队、施工人员及客户保持密切沟通，确保设计方案的顺利实施和最终成果的完美呈现。

综上所述，环境艺术设计是一项对设计人员综合素质要求极高的工作。他们需要在掌握多方面科学知识和艺术修养的基础上，具备出色的沟通能力和团队合作精神，以适应不同风格特色的设计项目，创造出既美观又实用，既符合人们审美需求又能体现人文关怀的环境艺术设计作品。

3. 创造性

设计的本质与核心，无疑是创造。创造不仅是推动社会进步与文明发展的重要动力，更是艺术与设计领域永恒的主题。而在众多设计领域，环境艺术设计以独特的魅力和广泛的影响力，成为展现设计创造力的重要舞台。环境艺术设计作为一种对生活环境进行精心规划与提出创新方案的思考性创造活动，旨在通过设计的力量，为人们营造既美观又实用，既舒适又富有文化内涵的生活空间。

在这一创造过程中，设计人员扮演的角色至关重要。他们不仅需要熟练掌握各种设计技艺与方法，如空间布局、色彩搭配、材料运用等，更需要具备一种超越技艺本身的创造性思维方法。这种创造性思维方法，是设计人员在面对复杂多变的设计需求时，能够迅速捕捉灵感、提出新颖观点、解决棘手问题的关键所在。

创造性思维方法的培养，对环境艺术设计人员来说，是一个长期而艰辛的过程。它不仅需要设计人员具备扎实的专业基础，还需要他们保持对新鲜事物的好奇心和探索欲，勇于尝试新的设计理念和技术手段。同时，设计人员需要具备敏锐的观察力和分析能力，能够从日常生活中汲取灵感，将看似平凡的元素转化为独特的设计语言。

此外，创造性思维方法还体现在设计过程中的不断反思与修正上。环境艺术设计往往涉及多个学科领域的交叉与融合，设计人员在实施过程中难免会遇到各种挑战和困难。此时，他们需要运用创造性思维方法，对设计方案进行不断调整和优化，以确保最终成果既符合设计要求，又能满足人们的实际需求。

综上所述，创造性思维方法是环境艺术设计的灵魂所在。它不仅要求设计人员熟练掌握设计技艺与方法，更要求他们具备一种超越技艺本身的创造性思维能力，以不断推动环境艺术设计领域的发展与创新。

4．适应性

环境艺术设计涉及的范围远远超出了其他许多艺术形式的界限，它不是单纯局限于某一特定领域，而是广泛渗透于我们日常生活的方方面面。这一领域围绕着环境建筑这一核心，其广度与深度都是极为显著的。从大的方面来说，它可以涵盖广阔的景观环境设计，如城市公园、大型广场、滨水地带及整个城市的规划布局等，这些都需要环境艺术设计人员运用专业的知识和技能，去创造既美观又实用，同时能与自然和谐共生的公共空间。

而从小的方面来说，环境艺术设计同样不可或缺，它甚至可以精细到标志设计这样的小规模项目中。无论是商业街区的导视系统，还是单个建筑物的标识牌，都需要通过巧妙的设计传达信息，同时融入整体环境氛围，提升场所的识别度和美感。

这样一来，对环境艺术设计人员的要求就尤为严格和高标准。他们不仅需要具备更专业且扎实的知识结构，包括艺术理论、空间设计、材料运用、色彩搭配、历史文化等多方面的知识，还需要拥有更强的适应性。因为在实际工作中，他们可能会面对各种不同类型的项目，每个项目都有独特的背景、需求和挑战。只有具备了广泛的知识面和灵活应变的能力，环境艺术设计人员才能游刃有余地应对各种复杂情况，创造出既符合功能需求又富有艺术美感的设计作品，为人们的生活环境增添更多色彩与活力。

（二）项目教学法的特点

项目教学法的特点在于"以项目为主线、以教师为引导、以学生为主体"，这一模式极大地提升了教育的互动性和实践性。它的重要性在于，能够激发学生的自主学习兴趣，培养他们的创新思维和问题解决能力。通过实际的项目操作，学生不仅能将理论知识与实践紧密结合，还能在此过程中学会团队协作和项目管理。此外，项目教学法周期短、见效快，且教学效果易于评估，有助于师生共同取得显著的进步。这种教学模式对于培养适应现代社会需求的复合型人才具有重要意义。

1. 课程的知识结构需要针对项目完成目标

项目教学法不再沿用传统学科式的知识体系，而是以完成项目为主线组织课程内容。教学的重点不仅是传授单一学科知识，更是将多领域的知识结合起来，强调知识的综合性。学生在项目中不仅能锻炼动手能力和创新能力，还能提升自主学习和独立构建知识的能力。

2. 教学内容主要以典型项目任务为依据

在项目教学法中，教学内容通常围绕具体的项目任务进行安排。项目任务的设计会充分结合学生所学专业的核心知识，并通过具体项目的实施让学生全面了解和掌握所学领域的主要工作内容。

3. 教学以学生为主体

项目教学法突出了学生在整个学习过程中的主体地位。在完成一个完整项目的过程中，学生从收集信息、制定计划、选择方案、实施目标到反馈信息和成果评估，都会全程参与。这不仅有助于学生在实际操作中提升解决问题的能力，还能培养他们的团队合作精神和责任感。

4. 学习成果多样化

在项目教学法下，学习成果不再是单一标准的答案，而是根据每个学生的知识背景、社会经验和问题解决方式的不同而有所不同。每个学生在完成项目任务时可能会有不同的思路和解决策略，因此项目教学法的成果评价是多元化的。

三、项目教学法对环境艺术设计专业实践教学的积极意义

与其他专业相比，在环境艺术设计专业的课程中，实践性内容明显占据了更大比重，理论知识相对较少，其中，美术课程也是如此。教师如果仍然坚持以往的教学方法，那么学生往往只能掌握教材中有限的理论知识，实际操作能力难以得到有效提升。为了弥补这一不足，项目教学法提供了一种有效的解决方案。这种方法通过以项目为主线，将教学内容与实际项目紧密结合，让学生在参与的过程中，能够独立完成相关任务，进而提升他们的实践能力。通过项目教学法，教师能够引导学生主动参与项目，学生在参与的过程中不仅能更好地理解所学知识，还能将理论知识与实际操作相结合，从而达到理论与实践的有机融合。与传统的教学方法相比，这种模式不仅大大提高了课堂教学效率，还增强了学生的学习动力和参与感。学生在实际项目中不断练习和实践，使他们的技能得到提升，进一步强化了他们的动手能力和实际问题解决能力。更关键的是，项目教学法强调实践教学内容的重要性，课程中有较大比例的实践性环节，给予学生充分的练习机会。这些实践环节让学生在真实的项目中锻炼设计和创新能力，使他们将所学的理论知识应用到实际生活中。

（一）提高教学效率

传统的教学方法往往依赖班级授课模式，教师通过讲授知识传递信息给学生。然而，在环境艺术设计专业中，实践能力的培养尤为重要，因此单一的传统教学方式已不再适用。项目教学法通过实际操作让学生掌握知识，重点在于学生亲自参与项目的策划、设计与实施，而教师则作为引导者和帮助者，提供必要的支持。这种方式不仅能极大地提高学生的实际操作能力，还能提升教学的整体效率，为教师的理论研究提供更多时间和空间。

传统教学模式虽然适合理论知识的传授，但环境艺术设计专业不仅要求学生具备扎实的理论基础，更要求学生具备丰富的实践经验。因此，传统教学方式不能充分满足这一学科对应用型人才的培养需求。而项目教学法则通过鼓励学生独立完成实际项目，教师主要进行指导，有效提升学生

的实践能力，优化教学效果，也使教师有更多机会从事科研工作，推动理论和实践的深度结合。

（二）培养综合人才

环境艺术设计专业教学的首要且核心目的在于，为社会输送更多能够迅速融入并推动行业发展的综合型人才。在这一目标的指引下，项目教学法以独特的优势，成为实现这一教育愿景的重要工具。通过项目教学法，学生不再是被动的知识接受者，而是成为主动探索者和实践者。

在项目选择的过程中，学生需要广泛收集行业信息，对市场趋势、用户需求及设计潮流有深入的理解，这一步骤本身就锻炼了学生的信息筛选与整合能力。紧接着，独立完成方案的设计，则是对学生创意构思、美学感知及空间规划能力的全面考验。而方案的实施阶段，更是将理论知识与实际操作紧密结合，让学生在实践中发现问题、解决问题，从而有效提升学生的动手能力和应变能力。

尤为重要的是，项目教学法强调的实践能力，正是当前市场环境对环境艺术设计人才最看重的一点。市场不仅需要设计师具备扎实的理论基础和敏锐的审美眼光，更看重设计师能否将创意转化为现实，能否在有限的时间和资源内创造出既美观又实用的设计作品。因此，项目教学法不仅有助于提升学生的专业技能，更能让学生在学习阶段就提前适应了市场的实际需求，为未来的职业发展奠定了坚实基础。

（三）提升学生实践能力

项目教学法强调学生通过实际项目学习和掌握知识，这有助于提升学生的实践能力。在环境艺术设计专业中，学生需要掌握设计原理、材料运用、施工技术等多方面的知识，而这些知识往往需要在实践中才能真正理解和掌握。通过项目教学法，学生可以在实际操作中学习和运用这些知识，从而加深对专业知识的理解，提高实践能力。

（四）激发学习兴趣和主动性

传统教学模式在很大程度上依赖教师的讲授，学生则往往处于被动接受知识的状态。这种单向的知识传递方式不仅限制了学生的思维发展，还容易导致他们对学习内容缺乏兴趣，甚至产生厌学情绪。在这种模式下，学生的学习往往缺乏主动性和探索性，难以真正理解和掌握知识，更难以将所学知识应用于实际问题中。

相比之下，项目教学法则是一种以学生为中心的教学模式，它强调学生在实践中的主体地位。在项目教学法中，学生不再是被动接受知识的容器，而是成为主动探索者和问题解决者。他们通过参与实际项目的设计和实施，亲自体验知识的应用过程，从而在实践中发现问题、解决问题。这种学习方式不仅能够激发学生的学习兴趣和主动性，还能够培养他们的创新思维和问题解决能力。

在环境艺术设计专业中，项目教学法的应用尤为显著。环境艺术设计是一门实践性很强的学科，需要学生具备丰富的实践经验和创新思维。通过参与实际项目的设计和实施，学生可以亲身感受自己的设计成果被实际应用和认可的过程。这种成就感能够极大地激发学生的学习热情和积极性，使他们更加主动地投入学习。同时，项目实践能帮助学生了解市场需求和行业动态，提升他们的专业素养和综合能力。

此外，项目教学法还能促进学生的团队协作和沟通能力。在环境艺术设计项目中，学生需要与团队成员、客户及供应商等多方面进行沟通和协作。这种沟通协作的过程不仅能提升学生的团队协作能力，还能培养他们的沟通能力和人际交往能力。这些能力对环境艺术设计专业的学生来说至关重要，也是他们未来职业生涯中不可或缺的一部分。

（五）促进理论与实践相结合

项目教学法通过将理论知识与实践操作紧密结合，为学生提供了一个将抽象概念转化为具体行动的平台，使他们在实践中不断巩固和深化所学的理论知识。与此同时，学生在实践操作中遇到的实际问题和挑战，又能反过来促使他们更加深入地理解和运用理论知识，形成了一种理论与实践相互促进、相辅相成的良性循环。

这种教学模式有效地打破了传统教学中理论与实践相脱节的弊端。在传统的教学模式中，学生往往在课堂上被动地接受理论知识，而缺乏将这些知识应用于实际情境中的机会。然而，在项目教学法中，学生被鼓励将所学知识应用于实际项目中，通过亲身实践检验和验证这些知识的有效性与实用性。这种教学方式不仅能使学生的学习更加系统和全面，还能帮助他们更好地理解和记忆所学知识。

在环境艺术设计专业中，项目教学法的应用尤为重要。环境艺术设计是一门实践性很强的学科，学生需要掌握大量的设计原理、材料运用、施工技术等方面的知识，并能够在实践中灵活运用这些知识。通过参与实际的项目实践，学生可以亲身体验设计过程中的各个环节，了解市场需求和客户需求，从而更加深入地理解和掌握专业知识。同时，项目实践能够帮助学生发现自己的不足之处，并促使他们积极寻求解决方案，不断提升自己的专业素养和综合能力。

因此，项目教学法在环境艺术设计专业实践教学中具有不可替代的作用。它不仅能帮助学生将理论知识与实践操作紧密结合，提升他们的实践能力和综合素质，还能为他们未来的职业发展奠定坚实基础。通过项目教学法，我们可以培养更多具备高度实践能力和创新能力的环境艺术设计人才，为行业的发展和社会的进步作出贡献。

第三节　项目教学法在环境艺术设计专业中的实践应用

项目教学法在环境艺术设计专业中的实践应用具有深远意义。它不仅能将理论知识与实践操作紧密结合，使学生在亲身参与中深化对专业知识的理解，还能激发学生的创新思维和问题解决能力。通过参与实际项目的设计与实施，学生能够更直观地感受到市场需求与行业动态，从而培养更加符合市场需求的实践能力和职业素养。此外，项目教学法强调团队协作与沟通，有助于提升学生的合作精神和人际交往能力。这种教学模式不仅为学生提供了展示自我才华的平台，更为他们未来的职业发展奠定了坚实基础。因此，项目教学法在环境艺术设计专业中的实践应用，是提升学生综合素质、培养创新型人才的重要途径，对于推动环境艺术设计行业的发展具有重要意义。

一、项目教学法在环境艺术设计专业实践教学过程中的应用

项目教学法在环境艺术设计专业实践教学过程中的应用，对于培养高素质的设计人才具有重要意义。项目教学法强调以项目为载体，让学生在实践中学习、在解决问题中成长，这与环境艺术设计专业注重实践、强调创新的特点不谋而合。通过项目教学法，学生可以深入理解和掌握设计流程、材料运用、工艺技术等方面的知识，同时培养团队协作、创新思维和问题解决能力。此外，项目教学法还能激发学生的学习兴趣和积极性，使学生在参与项目的过程中不断挑战自我、超越自我，最终成为具备扎实专业知识和卓越设计能力的优秀人才。

（一）设计项目

在项目教学法的首个阶段，教师根据学生的专业知识掌握情况，将学生分成若干小组，每个小组负责不同的项目模块。这些模块的内容通常涉及多个方面的知识，包括地理、气候和人文等。

（二）教师进行指导

项目大部分由学生自主完成，但为了确保项目能够顺利进行，教师在项目开始时必须进行必要的指导。教师会审查学生的设计方案，检查方案的可行性，针对方案中的不合理部分提出修改意见。教师不仅要纠正错误，还要引导学生在实际操作中不断优化和改进，使学生的项目执行过程更加规范与高效。

（三）综合技能模块的设计

环境艺术设计专业是一门跨学科专业，要求学生具备较强的综合能力。因此，教师不仅要教授理论知识，还要结合就业需求，帮助学生发展必要的职业技能。在这一阶段，教师需要通过设计综合技能模块，培养学生在项目实施中的实际操作能力，同时引导学生了解行业需求，为学生未

来就业做充分准备。

（四）项目教学法的传授方法

项目教学法的具体传授方法可以分为三种。第一，学生主体的实践式教学法，学生选择并独立完成项目，教师在过程中提供指导与评价，帮助学生总结经验，改进不足；第二，综合技能和项目业主的介入式讲授法，通过选择现实中的项目并与合作公司共同实施，教师根据学生的能力进行合理分组，确保每个小组都有明确的工作目标；第三，遵循行业法规的操作性讲授法，教师引导学生学习相关行业的法律法规，强调在工作中遵循诚信、守法的原则，确保学生在未来的职业生涯中做到遵纪守法，推动行业的健康发展。

（五）项目教学法在环境艺术设计专业实践教学中的应用阶段

项目教学法在环境艺术设计专业的实践教学中可以分为几个关键阶段，每个阶段都有其独特的作用，旨在全面提升学生的实践能力和职业素养。

1. 项目选择阶段

在项目教学法的实施过程中，教师首先需要理性、系统地选择合适的教学项目。这一阶段不仅涉及项目的挑选，还包括资料的准备和信息的整合。教师应搜集相关的项目案例、行业资料，将这些内容整理到项目案例库中，作为后续教学的支撑材料。在选择项目时，教师需要确保项目具有代表性，能够帮助学生解决学习中的实际问题，避免资源浪费。

2. 项目实施阶段

项目实施阶段是整个项目教学法的核心环节。在此阶段，教师首先会成立学习小组，并由小组成员推荐组长，制订学习计划并明确分工。教师通过组织案例讨论，采取小组协作学习法，鼓励学生相互协作，共同攻克项目难题。遇到问题时，学生首先在小组内讨论并尝试解决，如果无法解决，教师就会介入进行指导。此时，教师的引导作用至关重要。教师不仅要根据各组项目实施进展提供及时的建议和帮助，还要带领学生一起分析项目中的难点和共性问题。

3．案例考核阶段

项目完成后，进入案例考核阶段。此时，教师不仅要评估学生的项目设计能力和问题分析能力，还要对学生在项目实施过程中的表现进行总结。教师通过分析学生在项目探讨中的优点和不足，帮助学生识别和提升知识建构能力。在这一阶段，教师还要对项目教学效果进行全面评估，根据学生的反馈和实际表现，有针对性地提出改进措施，进一步优化教学内容和方式。同时，教师要进行科学评价，激励学生反思自己的学习过程，帮助他们总结所学知识，并明确自己在项目中获得的实际成果。

二、项目教学法在环境艺术设计专业课程中的教学设计实践

在环境艺术设计专业的课程中，项目教学法通过以学生为中心的教学理念，创新性地将真实或模拟的项目任务作为学习驱动。这种方法首先要求教师根据课程目标和行业需求设计具体的项目内容；其次通过引导学生分组并选择合适的项目，激发学生的学习兴趣和动手能力。在项目执行过程中，学生不仅需要运用已学的理论知识，还需要进行实际操作，培养他们的创新能力和实际问题解决能力。在这个过程中，教师会根据学生的需求，提供必要的指导和反馈，同时鼓励学生之间展开深入的合作与讨论，互相促进。项目完成后，学生通过展示、汇报及评估等环节，对自己的学习成果进行总结和反思，不仅提高了他们的设计技能，还强化了他们的综合素质，特别是在团队协作、创新思维等方面的能力。

（一）整体设计思路

为了更有效地传授课程内容，首先将整个课程划分为多个项目，每个项目涵盖若干典型任务。除去导论内容外，每个项目模块都会通过教材实例进行讲解、练习和反馈，确保学生掌握核心知识。具体的教学设计流程如下：

首先，通过案例分析引入每个项目的教学目标与核心内容，让学生明确学习的方向与重点；

其次，通过具体的教学实例，讲解项目涉及的基础理论与方法，帮助学生构建扎实的理论知识；

最后，结合教材内容和相关视频素材，学生通过进一步的练习与互动，加深对本单元内容的理解，并通过反馈巩固学习成果。

（二）具体实施

项目教学法在环境艺术设计专业课程中的实施，能够实现理论与实践的有效融合，帮助学生在动手实践中加深对专业知识的理解，同时培养创新思维和实际问题解决能力。通过设计真实或模拟项目任务，学生能够直观地参与设计流程，从中更好地了解行业需求，这不仅有助于提高学生的设计能力，还能培养适应市场变化的职业素养。项目教学法还注重学生团队协作与沟通能力的培养，学生通过集体讨论与协作，增强了团队精神，提升了跨专业交流与合作的能力，这些软技能对于环境艺术设计领域的职业发展至关重要，将为学生未来的职业道路提供坚实支持。

1. 前课回顾

每次开始新的子项目讲解时，首先会回顾之前学习过的相关内容。这是因为课程中各个子项目之间存在较强的知识衔接，部分内容学生可能已经学习了一段时间，记忆会有所淡化。

2. 项目任务

每个子项目都会有一个具体的任务，任务内容通常是实例化的，这样能够更好地激发学生的兴趣，促使他们看到理论知识与实际应用之间的联系。在设计任务时，教师要确保任务内容能够涵盖本子项目要讲授的主要知识点，让学生在完成任务的过程中，对所学内容有一个全面的了解，并激发他们的学习动力。

3. 任务分解

由于每个项目任务可能较为复杂，为便于学生逐步掌握，通常会对任务进行分解，分解后的任务之间是紧密关联的。这样的安排可以让学生按照步骤逐渐深入理解每个小任务，循序渐进地完成整个项目任务，从而确保每个学生都能在实践中逐步提高自己的能力。

4. 理论知识讲授

在任务介绍和分解后，教师会讲授本子项目涉及的理论知识。由于本课程注重实践，理论部分通常较少，内容也较为简洁。理论知识的讲授是为了帮助学生理解项目任务背后的理论基础，并将其应用于实际操作中。理论和实践的结合，能够使学生更好地掌握技能。

5. 项目实施

项目实施是每个子项目的关键环节。在这个阶段，教师会带领学生按照项目任务要求逐步执行各个子任务。首先，教师会帮助学生分析任务，列出所需的资源，并指导学生自行完成准备工作。其次，教师会边演示操作边讲解，确保学生在实际操作中掌握必要的技能和步骤。在项目实施过程中，学生会通过亲身实践，加深对知识的理解，并逐步完成项目目标。

6. 项目考核

每个子项目的考核包括两部分。第一部分是学生在项目实施环节中的表现，学生需要跟随教师完成整个项目实施过程，并展示实施成果。这一部分考核重在检验学生是否掌握了项目实施的基本流程。第二部分是分组完成其他任务，并进行项目验收，考核学生独立完成任务的能力，以及他们在团队中的合作能力。这两部分考核共同组成了对学生综合能力的评估。

三、项目教学中出现的问题和解决办法

在实施项目教学法的过程中，学生会遇到各种问题。然而，这些问题正是锻炼学生应对挑战、解决问题的能力的好机会。教师应积极引导学生分析问题的根源，鼓励他们提出解决方案，并在实践中不断优化。同时，教师应加强与学生的沟通，及时了解项目进展和困难，提供必要的支持和指导。通过不断解决问题，学生不仅能提升专业技能，还能增强自信心和责任感，为未来的职业生涯打下坚实基础。

（一）教材不能体现出工作导向

在环境艺术设计专业的教材选用方面，当前仍处于不断探索和调整的阶

段，存在诸多亟待解决的问题。首先，国外的一些先进教材价格较高，令国内学生面临较大的经济负担，这对获取优质的教学资源造成了一定限制。而即便是这些高价的国外教材，其内容与学生实际项目实践之间的联系也较为薄弱，很多知识点和案例未能有效满足国内学生的需求，亟须进一步补充和完善。

其次，市场上虽然有很多以项目为主线的教材，种类丰富，但质量参差不齐。大部分教材遵循了需求描述、任务分析、相关知识、实现思路与步骤、知识拓展等结构框架，但在内容呈现上，往往不能准确体现这些知识在实际职业岗位中的价值。虽然学生在教师的指导下能够顺利完成项目任务，但他们常常无法理解所学内容适用于哪些具体职业群体，也难以掌握这些知识在未来工作中的实际应用场景。

鉴于目前教材使用中存在的这些问题，我们迫切需要加强项目教学法教材的研发与完善，以更好地适应项目教学模式的要求。从长远角度来看，提升项目教学法效果的关键，是编写出符合学生需求的教材。这类教材不仅应帮助学生构建扎实的理论知识体系，还应注重培养学生将理论应用于实践的能力，特别是在实际工作中发现问题并解决问题的能力。

（二）师生角色问题

在项目教学法的实施中，师生角色的转换是一个突出问题，具体表现为学生在学习过程中缺乏足够的主动性，而教师仍然在项目教学中占据主导地位。这种问题的根本原因在于，学生在开始项目任务之前，往往对项目流程了解不够，也没有做足资料收集的准备，导致他们在执行项目时无法主动思考和探索，往往依赖教师的指导和安排。

项目教学法的初衷是通过学生独立完成项目任务的过程，促使他们主动发现知识，解决实际问题，进而提升技能。因此，学生的实际操作经验应当是通过自身探索和总结获得的，而不是由教师直接灌输的。在项目教学法的实施中，教师的讲解应当有选择性，只针对一些重点和难点内容进行简明扼要的讲解，避免过多干预学生的自主学习。讲解方式要更加贴近实际操作，最好是通过简单的例子或实操演示，帮助学生理解和掌握要点。这样，学生可以更容易理解和消化所学内容，并为后续的独立实践做好准备。

为了改善师生角色的问题，教师需要转变为学生学习过程中的引导者和支持者，而非传统的"讲授者"。教师应鼓励学生主动探索和思考，帮助他们在项目过程中发现并解决问题。与此同时，学生需要增强自主学习的意识，积极主动地参与项目，收集相关资料，思考并解决遇到的困难，提升自我学习能力和问题解决能力。

（三）教学评价问题

传统考核方式主要通过闭卷考试衡量学生的笔试能力，但这种方法并不适用于环境艺术设计专业课程的全面考核。因此，我们亟须创新考核方式，采用平时成绩、实践成绩与结课成绩相结合的"三合一"考核模式。具体实施方案如下。

平时成绩（占20%）：这部分成绩主要考核学生的到课率、课堂表现、课堂笔记及课堂讨论等，旨在激励学生保持良好的学习习惯，并加强课堂参与感。

实践成绩（占30%）：包括学生的调研报告、资料收集、课堂作业和课后作业等，评估学生在项目实施过程中的实际操作能力和独立性。

结课成绩（占50%）：通过结课上机测验和结课作业评定，重点考查学生对课程内容的掌握情况及实际应用能力。

项目教学法的核心在于通过完整的项目任务进行教学，它结合了理论与实践，充分发挥了学生的创造潜力和实际问题解决能力。项目教学法能够有效激发学生的创新思维，帮助学生在实践中巩固所学的理论知识，培养实际操作的能力。

在项目教学法的实施过程中，教师的角色发生了转变。教师不再是单纯的知识传授者，而是成为学生的引导者和顾问，帮助学生在独立研究的过程中快速进步，指导他们在实践中获取新知识和解决实际问题。这种转变不仅让教师在教学过程中变得更加多元和具有互动性，也极大地提升了学生的学习积极性和效率。

学生在项目教学法中作为学习的主体，承担着将理论与实践相结合的关键任务。在完成项目的过程中，学生不仅提高了自己的理论水平和操作技能，还在教师引导下培养了诸如团队合作、问题解决等综合能力。

第四节　环境艺术设计专业基础教学的思考

环境艺术设计专业的基础教学需要从其本质和培养目标入手，进行深入分析。环境艺术设计专业的核心目标是培养具备创新思维和实践能力的设计人才，因此基础教学必须注重理论知识与实践技能的结合，帮助学生掌握设计原理、材料使用、工艺技术等基础要素，为未来的设计工作奠定坚实基础。随着科技的飞速发展，数字化设计工具已经成为现代环境艺术设计的关键组成部分。在这种背景下，基础教学需要紧跟时代潮流，着重培养学生的CAD技能。通过使用数字工具，学生不仅能提高设计效率，还能更好地实现创意，提升项目的可执行性和精确性。此外，设计思维和审美能力的培养同样至关重要。在基础教学中，教师可以通过案例分析、实地考察等方式，引导学生更好地理解设计的本质，帮助他们形成独特的设计理念和审美视角。

一、学制改革，强化基础

（一）实行强基础分段制

分段制的教学设想源自庞薰栗先生1946年在重庆草拟的创办工艺美术学校的方案，即两年打基础，两年学专业。1986年，中央工艺美术学院在制定学院"七五"期间发展规划时，提出"加强基础、拓宽专业、增强能力、突出特色"的改革原则①。根据这一原则，中央工艺美术学院于1988年正式成立了基础部。在学制方面，实行基础教学两年、专业教学两年的二二制教学计划。在课程设置上，基础部课程主要包括造型基础（素描、色彩、国画、雕塑）、设计基础（平面构成、立体构成、图案装饰、

---

①刘晖，王静，张扬．室内环境设计：微课版：高等院校艺术设计类系列教材［M］．北京：清华大学出版社，2022．

字体、计算机基础、制图与透视、传统装饰画、建筑风格史）、专业基础（各系根据情况自定）、文化基础（外语、体育、中外工艺美术史、中外美术史、艺术概论），以及政治理论等课程。

环境艺术设计专业的知识结构较为广泛，延长学制有助于全面提升人才培养质量。例如，早在"文革"前，中央工艺美术学院就采用了五年制学制，培养出的毕业生基础扎实，知识面广泛，社会适应性突出。如今，西安美术学院也在建筑环境艺术设计教育中采用了五年制学制的教学模式，专业基础教育阶段设置了多个必修或选修课程，使学生根据自己的兴趣和能力选择合适的方向，进一步提升专业素质。因此，针对环境艺术设计专业的特点，我们可以建立一个更成熟和完善的"五年三段制"学制。这种学制的安排可以分为以下几个阶段。

大一：综合基础阶段。

大一阶段的重点是学生基础能力的培养，设置的课程包括造型基础、美学、专业理论及设计基础等内容，旨在帮助学生全面了解设计的核心概念，并为后续的学习打好基础。

大二、大三：专业基础阶段。

在大二、大三阶段的学习中，课程逐渐向专业化方向发展。根据学生的兴趣和选择，课程内容将包括建筑基础、材料学、城市规划、室内设计、景观设计等，帮助学生形成较为全面的专业基础。

大四：专业深化阶段。

大四阶段的教学模式将侧重实践与应用，学生可以进入工作室进行项目实践，并与市场和企业的实际需求挂钩，实现设计学习的职业化；同时，可以结合企业和社会实践，提高就业竞争力。

大五：毕业论文与毕业设计。

大五阶段，学生将集中精力完成毕业论文和毕业设计。

（二）建立类专业学群制

学部与学群的设立，主要是为了优化学科教学，加强管理与协调，推动跨学科的资源共享与合作，从而打破传统的封闭式教育，构建更加开放的教学体系。系科组联的目的则是促进学科间的紧密联系，充分发挥各学科师资的优势，拓展教师的研究与教学领域，同时为学生开辟更广阔的知识视野，鼓励学科之间的交叉与渗透，从而为提升教学质量注入新的活力。

作为一门科学性和综合性兼具的学科，环境艺术设计注重理论与实践的结合，其核心目标在于培养学生的综合能力。所谓的"类专业"，可以理解为与特定学科方向相近的学科群，如室内设计、家具设计、陈设设计属于一类，景观设计、园林设计与公共设施设计属于另一类。此外，环境艺术设计还可以按照专业的基础类型进行分类，包括认知、修养和设计三个方面。认知是对环境艺术设计相关理论、实践与职业责任的理解；修养侧重艺术基础的培养，包括审美素养、创意与个性的平衡等；设计则强调学生综合设计能力的提升，涵盖设计方法论、营造技术及艺术的结合。基于这些基础内容，我们可以形成一系列的学群结构。

首先是"认识类学群"，其中包含环境艺术设计概论、建筑史、园林史等基础理论课程。其次是"设计类学群"，这个学群根据方向的不同进一步划分为几个组别。A组主要涉及建筑学，课程内容包括建筑基础、结构建造和建筑材料等；B组以景观设计为主，开设庭院景观设计、城市规划及SketchUp软件等课程；C组侧重室内设计，包括小型办公空间设计、陈设与家具设计及3D建模等内容；D组则聚焦设计方法，包含市场调研、手绘设计与制图等课程。最后是"艺术类学群"，包括图解思考、构成基础、创意素描和色彩心理学等课程，旨在培养学生的艺术思维和创意能力。

在这些学群中，"认识类学群"和"艺术类学群"为必修及选修课程；而"设计类学群"则有严格的必修课程设置，同时，根据学生的专业方向可以灵活选择必修和选修课程。

二、优化课程结构

环境艺术设计专业是一门涉及环境与人类、自然与艺术等多个领域的综合性学科,对建筑的室内环境和室外的空间环境进行整合与设计。

（一）打破学科壁垒，增强类学科通识教育

传统艺术教育基本上是专业知识的教学。包豪斯在1923年提出的"艺术与技术的统一"具有划时代的意义，拉开了艺术与多学科领域综合的序幕。格罗皮乌斯早在1921年就写道："培养学生的原则是要使他们具有完整认识生活、认识统一的宇宙整体的正常能力，这应当成为整个学校教育过程中贯彻始终的原则。"

环境艺术设计专业的培养目标具有鲜明的多样性，这一目标与莫霍利·纳吉提出的"全人"型设计人才理念相契合。通过基础阶段的学习，学生将从室内设计、景观设计、建筑设计等多个方面获得广泛的知识和实践经验，这样能够为他们未来的专业深化打下坚实基础。从广义建筑学的视角来看，环境艺术设计既是建筑学的延伸，也是城市规划的深化，三者之间的联系不可分割。环境艺术设计的核心培养目标是打造具备多元化设计能力，能够在环境空间中有效运用生态审美和文化背景进行改善的设计师。

环境艺术设计专业的基础教育遵循通才型教育模式，强调全方位的实践能力、艺术修养和职业技能培养。在实践方面，学生需要了解建筑材料、结构及施工过程，具备运用这些知识解决实际设计问题的能力；在文化与艺术方面，设计师的创意思维和设计理念能够赋予作品不同的精神价值，而环境艺术设计作品必须考虑到城市文化的传承与生态平衡的实现。因此，设计技术、人文历史、行为科学和生态学等课程，都是环境艺术设计专业教育中不可或缺的组成部分。

为了让学生在学术和实践上具备全面的知识体系，课程设置要兼顾多个学科的基础知识，特别是室内设计、景观设计、建筑基础和城市规划基础等方面。这些课程不仅要帮助学生理解各学科的设计方法论，还要培养他们的基本设计能力。

在具体的课程设置上，采用学群制组合的模式，在二年级（四年制）或三年级（五年制）阶段，学生可以根据兴趣与职业规划选择专业方向，并根据选择的方向，构建一级教学圈，重点学习该方向的设计概论和方法，确保学生对主修学科有深入的了解和实践；与此同时，其他方向的课

程将作为次要学科，组成二级教学圈，帮助学生掌握基本的概念和设计方法，培养学生进一步深化专业的潜力。例如，室内设计专业的学生将主要学习室内设计课程，辅以家具设计、陈设设计、展示设计等相关课程形成一级教学圈；而景观设计、照明艺术等课程则属于二级教学圈。

（二）注重建筑基础

建筑是场所空间的起点，与人们的生产、生活密切相关。随着社会经济的发展，人类活动也越来越丰富，贯穿建筑的内外空间，这就使建筑的概念扩大延伸，室内外空间与建筑共同形成了一个有机整体。现代设计诞生时，建筑是最原始的现代设计形态，所有的空间问题都由建筑师统一解决，而当空间环境的组成越发复杂之后，市场需要设计分工，于是就从建筑中分离出许多细化的、共同服务于建筑的学科。环境艺术设计专业就是由建筑学发展细分至当代而形成的新型场所研究学科。因此，环境艺术设计也可以看作广义建筑学的组成部分。建筑学与环境艺术设计彼此相互作用、相互影响。

建筑教育本身经过几百年的传统授业积累，以其深厚的教育模式为环境艺术设计教育提供了重要基础和丰富资源。从各项教学内容的实质和源流分析，它们与建筑学都有着紧密联系。1981年，国际建筑师协会将建筑学定义为："建筑学是一门创造人类生活环境的综合的艺术和科学。"[1]建筑艺术本身不再是材料堆砌的艺术，而是成为组织空间的艺术。建筑的内部与外部之间、建筑群体之间的相互关系，就形成了环境艺术设计的主题与内容，环境艺术设计其实就是围绕着城市建筑而展开的，美化其内外空间场所的，串联人与场所关系的艺术和科学。因此，建筑学如同桥梁一样将环境艺术设计的相关学科有效地连接在一起，已成为环境艺术设计知识体系中的必要基础学科之一。

同时，环境艺术设计的实施其实是一种营造场所的过程。建筑材料及公共艺术构成材料的运用有其特定的科学规律。对场所环境及有一定尺度的构造物的建造、改造都必须遵循技术规范，要有基本的结构认知。提高

---

[1]刘永德，罗梦潇，崔文河. 建筑和环境的艺术设计与创作构思［M］. 北京：中国建筑工业出版社，2020.

环境质量要关注建筑物理问题与环境科学问题，科学性和技术性内容是设计教学中一个不可或缺的框架支撑。只有尊重和重视设计环节中的科学与技术，才能真正建立设计师的基本职业素养。

因此，在教学上，建筑学原理与技术成为环境艺术设计不可或缺的知识结构特点。根据这一学科特征，学校应确立建筑学基础的地基意义，加大建筑基础类课程的课时比例，开设建筑学的基本知识课程与建筑工程结构的相关课程。同为有营造特点的学科，对建筑工程结构的学习对于环境艺术设计的实践理解起着直接的、积极的促进作用。同时，建筑学教育体制对环境艺术设计专业的教学具有参考性，以设计课题为主导，围绕设计原理，从设计初步着手，分项、逐步安排环境艺术设计课题，有效地组织实习和全过程综合设计。

建筑学基础可以帮助学生更好地理解空间和改造空间，对环境艺术设计教学有着重要的理性科学价值。

（三）增强基础教学的专业针对性

目前，环境艺术设计专业教学大多沿用从绘画基础、专业基础到专业设计的递进式模式，但这种安排存在明显的教学断层，各阶段之间未能有效衔接。基础课程未能为学生的专业深化提供足够支撑，导致资源浪费并且缺乏实效。因此，课程设置应当根据专业发展的需求进行优化，重视课程之间的交叉性、复合性及串联性，以确保各个教学环节能够紧密连接，提升整体教学效果。

尤其在基础教学方面，环境艺术设计专业应强化课程的专业针对性，以帮助学生更好地适应未来的专业发展。基础课程的核心目标是为学生的高阶学习提供引导，其中，认识论和方法论的培养尤为重要。这意味着，基础教学不仅要传授设计的基本技巧，还要帮助学生建立系统的思维框架，确保他们在深入的专业课程学习中能够有效地衔接各个环节。

以传统的造型基础课程为例，应增加与环境艺术设计专业相关的内容。例如，在素描课程中，不仅要关注基础的绘画技能，还要侧重结构和空间的训练，以提高学生的空间表现能力；色彩课程要与色彩构成和色彩心理学等相关学科结合，探讨色彩在空间中的实用性与表现力。尤其是速写训练，许多高校在环境艺术设计专业中忽视了这一内容，但速写是培养设计表达和空间理解的重要技能，应重新纳入教学重点。速写课程应结合建筑速写、场景速写等，强调对空间的线条表现和层次感的训练，使学生更好地理解和表达空间的形式。

在专业基础课程上，教师可以根据不同的大专业方向，设置针对性较强的课题训练。例如，景观设计方向的学生，可以在室内设计课程中，结合公共空间的功能性设计进行训练，如办公空间设计、餐饮空间设计等，这不仅能拓宽他们的设计视野，也能增强他们在不同领域的适应能力。

（四）校企结合型实践教学

环境艺术设计的发展与社会变化息息相关，只有将环境艺术设计教学与社会市场紧密结合，才能真正实现"以人为本"的教育目标。环境艺术设计是一个将设计理念与思维转化为具象空间的过程，因此环境艺术设计师必须具备与现实社会相契合的能力，不仅要理解施工过程，还要掌握装饰材料与工艺。设计从图纸到最终工程实现，实际上是感性思维转向理性解决的过程。设计理念的有效性和成果，只有通过实际项目的实践和长时间磨合才能验证。同时，环境艺术设计的理论体系只能通过与市场的互动，不断积累实践经验发展完善。实践性强，正是环境艺术设计专业的一大特点，因此培养学生的实践能力是该专业教学中的核心任务。

为了更好地培养学生的实践能力，教学需要紧扣市场实际需求，注重职业化技能的培养。仅仅增加专业实践课程是不够的，更重要的是要根据市场的真实动态调整课程内容，让学生在真实的职业环境中得到训练，实现"学以致用"的改革。具体来说，课程设置应包括市场调研、项目实践等内容，建筑基础、装饰材料、设计初步等课程应结合这些内容进行教学。在此基础上，学校应与企业建立紧密的合作关系，共同策划实践教学项目，优化校外实践教学模式，让学生在更广泛的实践场景中积累经验。

在教学方法上，学校可以通过工作室、工作坊等形式与企业合作，共同打造设计产业品牌。在实践中，学生不仅能培养创意思维，还能学会如何将理性与感性结合，提升整体设计思维，同时，锻炼他们在具体项目中的实际问题解决能力。通过实践，学生能够验证设计理论的可行性，并强化理论应用能力，了解市场最新的设计趋势，掌握工程技术、施工工艺和材料特性等重要技术要点。市场是最直接的老师，环境艺术设计的最终目标是改善人居环境，因此校企合作的实践教学模式是将教学与市场需求紧密连接的最佳途径，能够帮助学生在最短时间内积累经验，推动学科教育的职业化发展。

三、培养优质的综合艺术素养

在环境艺术设计领域，培养高水平的综合艺术素养至关重要。这种素养不仅能显著提升学生的审美能力和创新思维，使学生在设计过程中创作出更具独特性和艺术感的作品，还能帮助学生在设计中不断寻求新的突破和创意。从对材料的运用到空间的设计，再到色彩的搭配，艺术素养的深厚与否直接影响着作品的独特魅力和创新性。

此外，综合艺术素养的培养对跨文化交流能力的提升也具有积极作用。随着全球化的推进，设计师必须具备理解、融合并尊重不同文化元素的能力。通过培养在设计中融合多种文化视角的能力，他们不仅能创造出富有地方特色的作品，还能设计出更具全球包容性和影响力的作品，拓宽了他们的国际化视野。

更重要的是，综合艺术素养的提升能够帮助学生拓宽设计思维的维度。它促使学生在设计时不仅能考虑单一的美学和功能性需求，还能综合考虑环境、社会、文化等多方面的因素，从而创作出更加符合社会需求和时代发展的设计作品。同时，这种跨领域的思维方式有助于促进设计的可持续性，让作品在应对不同社会背景与环境变化时具备更高的适应性和持续性。

（一）整体环境艺术观的塑造

环境艺术设计的主要目的在于建立人类和环境、生态之间的平衡与和谐，因而，教学过程中必须始终贯穿整体设计观念。现代环境艺术设计要求从多个维度进行综合考虑，涉及整体环境的形态、文化特征以及功能技术等多方面因素。每个设计阶段和每个设计部分都应当与整体环境艺术设计体系相辅相成。建筑物、景观及环境的其他构成要素，需要有序、系统地组合，它们不仅要展现出各自独特的形态和表现力，还要在形式上与环境整体精神相统一，达到协调和共生。

建筑的室内外空间是一个微观生态系统，承载着人与环境、生态活动之间的互动。因此，这个设计应当被看作一个整体问题，而不是局部性的。为了实现这一目标，环境艺术设计教育应致力于培养学生的统筹性设计思维，把设计视野从单一的室内外空间拓展到更广阔的城市空间中。设计不仅要考虑空间内部的因素，还要把空间与外部环境有机地结合起来，形成一个协调统一的整体。环境艺术设计要将人类居住环境看作一个完整的对象，综合考虑政治、经济、文化、社会、技术等各个方面的影响，以系统化的方式研究环境各项要素，使设计协调发展。

课程设置应关注环保材料的使用、地域生态环境的特点，以及国际环境发展的新趋势等内容。学生在学习过程中，应不断探索如何将这些宏观与微观因素创造性地融入设计，确保设计在满足当代生活需求的同时，能促进环境的可持续发展。

（二）创造性思维的培养

环境艺术设计的核心需求包括功能、技术、科学与空间，而创造性则是其独特的个性表达。设计的创造性不仅反映了设计作品的品质，还体现了设计师在艺术素养与理性思维上的深厚积累。艺术素养为设计打下了基础，而理性思维则是专业修养的体现。在环境艺术设计过程中，设计的本质是在特定时期、特定文化背景下，通过艺术语言创作出的独特环境形态，创造性正是这一设计过程的灵魂。

然而，创造性思维往往在教学过程中被忽视，特别是在基础阶段。很多人认为创造力只应在专业设计阶段进行培养，认为在基础课程中学生只需要掌握设计理论和基本技能，不需要太关注创造力的培养。这种观点导致学生在设计初期未能养成创新的思维习惯，使他们的创造力受到抑制，个性发展无法得到有效激发，最终难以适应专业教学的需求。

为了解决这一问题，教学必须从基础课程阶段开始就重视创新意识的培养，并逐步引导学生建立艺术个性。通过鼓励学生进行创造性思考，并将创意思维应用到实际问题解决中，能够让学生逐步形成灵活的设计思维。在基础阶段，课程中应增加手脑结合的创意训练，如图解思考、设计方法论等课程。同时，造型基础和构成基础的训练要鼓励学生展现创造力，采取主题创作的方式，而不是单纯的形体再现和排列组合。在当代设计教育中，创新已成为艺术设计的灵魂。因此，设计教育应避免程式化、模块化的教学方式，摒弃封闭的教学体系，转而建立一个灵活、开放的学习空间。

四、当代环境艺术设计的可持续教学

教育与社会整体文明素质相互影响、相辅相成。时代的变迁、科技的进步和社会需求的变化都在不断塑造教育的内容与形式，而教育本身具有一定的滞后性。因此，当前适应社会的教育模式，很可能在短短几年后便会被新的模式取代。"与时俱进"成为教育发展的关键词，它不仅要求教育关注当下，还要求教育具有前瞻性，提前布局未来的发展趋势。设计是为了改善人类生活而存在的，设计教育在关注当代需求的同时，需要紧密跟随社会形态和生活方式的演变。尤其是环境艺术设计，它不仅是与社会、文化和生态共同发展的学科，也是对未来生活的可持续规划。因此，环境艺术设计教育不仅要培养符合当前时代需求的专业人才，还要为未来的社会变化提供解决方案。设计教育应与社会、市场、生态的变化同步发展，确保教育内容与方法的持续创新和适应性。同时，教育者需要思考如何根据社会的快速变化与学生的个性特点，因材施教地进行培养。如何在教育中保持灵活性，并为学生提供与市场需求相契合的教育内容，是设计教育者必须不断探索和解决的课题。这不仅能为市场注入新鲜血液，也能让教育在快速变化的时代始终保持活力与前瞻性。

（一）地域文化、经济的时代可持续

设计教育必须立足本土，注重地方文化的挖掘，同时吸取国际先进经验，使得人才培养不仅符合国际标准，还能应对本地实际需求。这要求我们在课程设置上，不仅关注市场的发展趋势，还将其与地方文化特点结合

起来，为本土设计提供有针对性的解决方案。这种方法不仅有助于学校独特办学特色的形成，还能提升教育的本土实践价值。

在环境艺术设计的可持续发展中，跨学科的融合、多样化的生态视野和地域文化的重要性越来越突出。环境艺术设计主题应当根据所在场所和时代的特征而定，这决定了设计的存在价值。城市空间作为文化空间，它的形态既反映了区域环境，又与时代需求、历史文化密切相关。不同地域由于历史背景、文化习惯和环境特色的差异，其城市空间也展现出独特的设计风格和理念。因此，如何在设计中解决文化、民族、时代之间的冲突与融合，将对城市空间文化的进一步发展产生深远影响。

中国的地域辽阔，文化多样，各地均有鲜明的地方特色。在环境艺术设计教育中，各个地区应当将本地独特的文化与当前社会需求结合起来，形成与众不同的设计理念与风格。例如，在贵州地区的高校环境艺术设计课程中，可以融入当地少数民族建筑的文化元素，这不仅有助于学生加深对当地环境形态的理解，还能为学生提供更多的设计素材。在教学实践中，学校还可以开设传统文化课程，并组织实地考察活动，帮助学生深入了解本地区的民族特色与文化根基。在课程设计上，学校要特别关注区域文化、地方资源及区域设计市场的发展。这些元素不仅是设计教学的重要组成部分，还能促进环境艺术设计学科的特色发展。

（二）社会与生态的共生可持续

环境艺术设计的首要目的是通过创造符合人类需求的室内外空间环境，满足功能性与精神需求的双重要求。设计的核心是服务人类和人际活动，综合考虑使用功能、经济效益、舒适美观与艺术追求等各个层面的需求。这就要求在设计中，将自然系统和人工系统并行考虑，力求通过二者的融合共生打造具有文化特色的城市空间环境，展现出人类从社会和自然环境中获取的特质。因此，在环境艺术设计中，我们需要站在整体的角度，综合考虑伦理道德与自然环境、人工环境之间的辩证关系。

环境艺术设计教育不仅传递知识，更重要的是它肩负的社会责任。作为一门"以人为本"的学科，环境艺术设计教育的首要出发点应是帮助学生树立为社会、为人类生活质量提升而服务的设计理念。对于生态问题和环境变化的关注，培养学生通过设计创造更加和谐的人与自然共生环境，是环境艺术设计教育的核心目标之一。

在此基础上，环境艺术设计课程体系中引入可持续发展与生态观念的内容，是极为必要的。通过增加可持续发展和生态学理论课程，帮助学生理解生态系统的基本规律、环境现象的变化，以及绿色环保的核心理念，提升他们对环境保护的认识，并培养他们成为具有可持续设计观的专业人才。课程设计不仅要涵盖生态设计的核心理论，还要通过国内外绿色生态设计的案例分析和实践课程，帮助学生掌握生态设计的实践方法和应用技术。

更重要的是，在教学过程中，教师要将可持续发展理念和生态设计思维融入环境艺术设计的基础课程。例如，在建筑设计、照明设计、景观设计等课程中，融入环保材料、节能技术和自然资源的使用技巧，让学生将理论知识与实际设计相结合，从而实现绿色、节能的设计目标。

（三）学科专业结构的发展可持续

随着时代的进步与发展，环境艺术设计专业教育正不断适应新的需求与变化。要实现这一目标，教育体系与学科建设需要不断完善并深化，同时需要加强具有多学科背景的师资队伍建设，推动不同领域知识的交叉融合。这种学科间的互动不仅能促进学术氛围的活跃，也能帮助打造具有艺术与技术双重内涵的教育体系，从而为环境艺术设计专业的健康发展奠定基础。

在具体的教学实践中，课程内容需要紧密围绕市场需求进行调整和更新，确保与行业实际保持一致。这意味着课程设计必须具备灵活性，根据市场的动态发展进行内容更新，并且要加强与企业的合作，通过实践项目和创新思维的培养提升课程的实用性与前瞻性。课程内容不仅要注重时代的前沿，还要结合地区特色，深入了解本地文化和生态环境，确保教学内容的多样性与地方性。同时，基础课程的设计要避免重复设置类似课程，确保每门课程都有其独特性与明确的教育目标，从而提高教学资源的使用效率。最重要的是，课程体系的构建要以专业实际需求为核心，不断调整和优化，以满足学科发展的层次性与渐进性要求，促进学生的全面发展。

参考文献

［1］王志鸿，牛海涛，周传旋．环境艺术设计概论：艺术与设计系列［M］．北京：中国电力出版社，2020．

［2］王莎．环境艺术创意设计趋势研究［M］．天津：天津人民美术出版社，2023．

［3］胡林辉，严佳丽，吴吉叶．环境设计艺术表达［M］．北京：中国建筑工业出版社，2022．

［4］赵妍．产品设计创意思维［M］．北京：北京大学出版社，2021．

［5］栗翠，张娜，王东东．文创产品设计开发［M］．北京：轻工业出版社，2021．

［6］曹仁宇．环境艺术设计丛书：空间设计基础［M］．北京：化学工业出版社，2022．

［7］王萍，董辅川．环境艺术设计手册：写给设计师的书［M］．北京：清华大学出版社，2020．

［8］刘晖，王静，张扬．室内环境设计：微课版：高等院校艺术设计类系列教材［M］．北京：清华大学出版社，2022．

［9］缪宇泓．产品设计与开发［M］．北京：电子工业出版社，2022．

［10］刘永德，罗梦潇，崔文河．建筑和环境的艺术设计与创作构思［M］．北京：中国建筑工业出版社，2020．

［11］刘雅培．环境艺术设计概论：高等教育艺术设计系列教材［M］．北京：清华大学出版社，2024．

［12］万剑波．环境艺术设计与中国传统元素的融合路径探究［J］．鞋类工艺与设计，2024，4（16）：93-95．

［13］曹伟，郑文超．地域背景下中国传统建筑住宅空间格局形态特征：以徽州传统住宅为例［J］．华中建筑，2021，39（11）：116-119.

［14］赵晓山．城市环境艺术设计的人文生态理念研究［J］．美与时代（城市版），2021（12）：73-74.

［15］杜宇峰．现代城市环境艺术设计的艺术追求［J］．美与时代（城市版），2021（8）：70-71.

［16］贾金琨，宁淑琴．基于产教融合的环境艺术专业教学改革研究［J］．工业设计，2020（12）：38-39.

［17］区穗玲，杨净静，谢梓红．项目教学法在高校环境艺术设计教学中的应用［J］．山西财经大学学报，2023，45（增刊1）：181-183.

［18］任佳伟．基于VR虚拟现实技术的环境艺术设计教学研究［J］．天南，2023（5）：184-186.

［19］宋若涛．虚拟现实技术在景德镇陶瓷艺术展示中的创新应用研究［J］．佛山陶瓷，2023，33（6）：62-64.

［20］于欣．基于虚拟现实技术的环境艺术设计系统设计［J］．信息与电脑（理论版），2022，34（17）：90-92.

［21］狄丽星，李宪锋．虚拟现实技术在环境设计中的实践运用［J］．艺术大观，2022（14）：64-66.

［22］韩超．关于虚拟现实技术在环境艺术设计中的应用［J］．艺术家，2022（3）：48-50.

［23］陈蕊．虚拟现实技术在现代环境艺术设计中的需求与应用［J］．鞋类工艺与设计，2021（15）：84-86.

［24］蔡雨希．虚拟现实技术在环境艺术设计中的应用［J］．上海轻工业，2024（4）：170-172.

［25］崔东航．虚拟现实技术在环境艺术设计中的体现与应用［J］．上海包装，2024（4）：101-103.

［26］任佳伟．基于VR虚拟现实技术的环境艺术设计教学研究［J］．天南，2023（5）：184-186.

［27］王伟赫．虚拟现实技术在环境艺术设计中的应用策略［J］．大观，2022（3）：52-54.

［28］刘禹君，边宇浩．多维度视角下公共空间环境艺术设计［J］．美与时代（城市版），2024（3）：77-79.

［29］陈旭．新技术在环境艺术设计中的应用分析［J］．玩具世界，2024（6）：169-171.

［30］陈睿瑶．人性化设计在室内环境艺术设计中的应用研究［J］．居舍，2022（24）：122-125.

［31］吴智雪，吴智莹．绿色理念下城市公共环境艺术设计探析［J］．美与时代（城市版），2023，979（2）：88-90.

［32］侯佳．环境保护理念在城市环境艺术设计中的渗透与融入［J］．环境工程，2023，41（2）：286-287.

［33］魏菲宇．城市园林景观环境中立体构成艺术设计的应用分析［J］．环境工程，2023，41（2）：328.

［34］唐勇．智能城市建设下现代城市环境艺术设计新思考［J］．美与时代（城市版），2022，971（12）：35-37.

［35］任宇．生态城市规划中环境艺术设计研究［J］．鞋类工艺与设计，2022，2（22）：137-139.

［36］于欣．基于虚拟现实技术的环境艺术设计系统设计［J］．信息与电脑（理论版），2022，34（17）：90-92.

［37］陈华钢．绿色设计理念在现代环境艺术设计中的运用研析［J］．鞋类工艺与设计，2023，3（6）：73-75.

［38］冷瀚宇．探析现代环境艺术设计中的绿色设计理念［J］．工程建设与设计，2022（20）：10-12.

［39］徐鸿铭．绿色设计理念在现代环境艺术设计中的应用［J］．建筑工程技术与设计，2020（28）：661.

［40］夏秋亮，张翠霞．绿色设计理念在现代环境艺术设计中的应用探究［J］．鞋类工艺与设计，2022（14）：140-142.

后　记

随着本书的缓缓收尾，心中不禁涌起万千思绪。回望整个研究与撰写过程，既是一段充满挑战与探索的旅程，也是一次心灵与智慧的深刻洗礼。在此，笔者愿以诚挚的心情，分享一些个人的感悟与体会，作为对本书的一个小小总结与回顾。

《数智化时代环境艺术设计教学模式创新研究》从构思到成书，历经了无数个日夜的辛勤耕耘。在这个过程中，笔者深刻感受到了数智化时代对环境艺术设计教育的深远影响，以及创新教学模式改革对于培养未来设计人才的重要性。每一次的调研、每一次的探讨，都让我们更加坚定了改革的决心，也更加清晰地看到了前行的方向。

在撰写过程中，笔者得到了来自各方的支持与帮助。无论是同行专家的悉心指导，还是一线教师的宝贵建议，都为我们提供了源源不断的灵感与动力。特别是，那些勇于尝试新教学模式、积极投身设计教育改革的教育工作者，他们的实践经验与心得体会，成为本书不可或缺的重要组成部分。在此，笔者向他们表示最诚挚的感谢与敬意。

同时，笔者深知，本书的研究与探讨仅仅是一个开始。数智化时代环境艺术设计教学模式的改革与创新，是一个长期而复杂的过程，需要我们不断地探索与实践。笔者期待通过本书的出版，能够激发更多教育工作者对于设计教育改革的热情与思考，共同推动环境艺术设计教育向更加科学、合理、高效的方向发展。

此外，笔者也意识到，随着数智技术的不断发展，新的设计理念、教学手段将会不断涌现。因此，我们将持续关注数智化时代环境艺术设计教育的新动态，不断更新与完善本书的内容，使其始终保持与时俱进的生命力。

最后，笔者想说的是，本书虽然凝聚了我们的心血与智慧，但它更属于每位热爱设计教育、关心设计人才成长的人。我们希望通过这本书，能够搭建起一个交流思想、分享经验的平台，让更多人参与数智化时代环境艺术设计教学模式的改革与创新，共同为培养更多具有国际视野、创新精神和实践能力的高素质设计人才贡献力量。

在未来的日子里，笔者将继续秉持对设计教育的热爱与执着，不断探索与实践，为推动我国环境艺术设计教育的繁荣发展贡献自己的一份绵薄之力。愿本书能够成为广大教育工作者手中的一把钥匙，开启数智化时代环境艺术设计教育改革的大门。

赵焕宇

2025年2月